配电网

柔性互联技术及应用

国网福建省电力有限公司电力科学研究院
范元亮　陈伟铭　王建华 等　编

中国电力出版社
CHINA ELECTRIC POWER PRESS

内 容 提 要

配电网柔性互联技术是构建现代智慧配电网的重要技术之一。本书系统性阐述了配电网柔性互联技术与工程实践案例，以期推动柔性互联技术在配电网的发展和应用。

本书共 6 章，第 1 章为配电网柔性互联概述；第 2 章介绍了柔性互联系统变流器及控制技术；第 3 章为柔性互联系统设计；第 4 章为运行管理设计；第 5 章介绍了配电网柔性互联工程案例；第 6 章为发展展望。

本书可供配电网柔性互联规划设计、科学研究及工程建设等从业者阅读参考，也可作为高等院校电气工程专业师生的学习用书。

图书在版编目（CIP）数据

配电网柔性互联技术及应用/范元亮等编. --北京：中国电力出版社，2024.11. --ISBN 978-7-5198-9222-7

Ⅰ. TM727

中国国家版本馆 CIP 数据核字第 2024WN9927 号

出版发行：中国电力出版社
地　　址：北京市东城区北京站西街 19 号（邮政编码 100005）
网　　址：http://www.cepp.sgcc.com.cn
责任编辑：赵　杨　李耀阳
责任校对：黄　蓓　马　宁
装帧设计：张俊霞
责任印制：石　雷

印　　刷：三河市万龙印装有限公司
版　　次：2024 年 11 月第一版
印　　次：2024 年 11 月北京第一次印刷
开　　本：710 毫米×1000 毫米　16 开本
印　　张：13
字　　数：181 千字
定　　价：78.00 元

编写成员名单

范元亮	陈伟铭	王建华	李泽文
吴　涵	季　宇	黄兴华	赵景涛
徐旖旎	林力辉	吴灿雄	李小娴
何华琴	陈石川	李凌斐	林建利
孙龙一	郑　舒	王　健	张振宇

前 言

随着新型电力系统建设的推进，配电网侧分布式清洁能源、电动汽车等多元负荷将呈现规模化发展，引发配电网形态发生深远变化。配电网柔性互联技术是构建现代智慧配电网的重要技术之一，在提升配电网灾害恢复力、源荷承载力、资源聚合力、配微协同力方面发挥重要作用。

本书针对配电网柔性互联技术及应用，从配电网柔性互联的概念、变流器及其控制技术、系统设计、运行管理、工程实践等方面开展介绍。第 1 章概述部分，首先介绍了柔性互联的概念、基本结构及原理，接着整理国内外主要的柔性互联装备及技术路线，分析柔性互联设备的配电网网架形式及控制保护方法，最后介绍了国内关于柔性互联的研究现状及示范工程；第 2 章柔性互联系统变流器及控制技术，根据是否采用直流母线汇集，柔性互联系统大致可分为交流型（交-交）和直流型（交-直-交），以及混合型（能量路由器）三类，该章介绍三类柔性互联系统变流器的典型拓扑、控制方法、样机示范和工程应用；第 3 章柔性互联系统设计，柔性互联系统主要由一次系统、二次控制部分，以及保护部分组成，该章从设计原则、方案及配置等方面分别介绍柔性互联系统的一次系统、二次控制部分及保护部分，并给出典型设计案例；第 4 章运行管理设计，柔性互联系统的运行控制包括设备层的就地控制、系统层的统一控制、配网层的最优控制，该章介绍柔性互联系统的运行管理和多层级协同方法，分为端—端协调控制、边—端协同控制、边—边协同控制、云—边协同控制；第 5 章工程案例，该章介绍福建新型电力系统省级示范区落地建设的配电网柔性互联示范工程，重点阐述中低压柔性互联及能量路由系统柔性互联典型案例的工程背景、技术方案和应用成效；第 6 章发展展望。

本书在编写过程中参考和借鉴了国内专家学者的观点和研究成果，引用了相关文献资料，在此向相关作者表示深深的谢意。

限于编者水平，书中难免存在不足或疏漏之处，恳请广大读者批评指正。

编　者

2024 年 11 月

目 录

1　配电网柔性互联概述

1.1　柔性互联概念

传统交流配电网通常是闭环设计、开环运行的单辐射状网络，面临着大量电力电子装置接入的挑战；新兴的直流配电网则在配电线路损耗、消费端分布式新能源与储能接入等方面展现出优势，在现阶段及未来较长时间内，配电网将呈现出交直流混联共存、微电网（群）蓬勃发展等趋势。

柔性互联这一概念，则是将配电网中各条馈线、各个交/直流配电子网或微电网等通过柔性互联设备（flexible interconnected device，FID）连接，使得各配电子网或微电网充分发挥其自身特性。在有源配电网相对于传统配电网有较高运行灵活性与供电可靠性的比较优势上，配电网通过柔性互联技术实现区域互联与能量交互，进一步提高灵活性与可靠性，从而降低部分成本；实现分布式新能源、储能设备、电动汽车等的友好接入，并在各配电子网或微电网间实现智能调度，达到潮流控制、有功/无功功率优化、能量互济、协同保护等功能。

1.2　柔性互联主要装备及技术

随着配电网柔性互联技术的研究，已提出多种具有不同概念或技术路线的FID。

1.2.1　智能软开关

英国帝国理工学院于2009年提出智能软开关（soft normally open points，SOP或SNOP）的概念，基本理念在于代替多分段多联络配电系统中的馈线联络开关，使馈线间形成常态化“软连接”，利用电力电子装置的功率调节特性，解决分布式发电接入后带来的电压波动问题，而随着其运行控制技术的逐渐成熟，SOP 在配电网柔性互联方面的应用得到了充分的论述与研究。

结构上，SOP 通常由两组全控型电力电子器件组成的电压源型变流器背靠背连接而成，形成 AC/DC/AC 的交流馈线联络开关。在后续研究中，相关研究者提出了更多种类的 SOP 结构和实现方式，以适应不同的场景需求，如统一电能质量调节器（unified power quality conditioner，UPQC）、分布式潮流控制装置（distributed power flow controller，DPFC）等潮流控制器。SOP 替代传统的联络开关后，使得配电系统可以合环运行，通过对两侧变流器施加适当的控制策略，对系统功率进行灵活调度，从而实现平衡不同馈线间负载情况、改善节点电压波动、快速供给电力缺口等运行功能，并使得配电系统发生故障时可以快速反应，从而实现故障区域负荷的快速转供。

1.2.2 能量路由器

为实现分布式新能源和分布式储能装置的即插即用，美国学者提出能量互联网的概念，其中的关键设备是由多变流器组成的固态变压器（又称能量路由器）。通过接口变流器的不同控制策略，相应的能量路由器实现了功率的多向流动和主动控制；作为局域配电子网与主干电网的交互接口，能量路由器结合信息技术，具备了信息通信功能和一定的决策能力，既能监测管理局域子网的能量状态，又能与上层调度中心进行运行协调。

不同电压等级的能量路由器结构各异，以满足不同的运行功能与需求。以具备故障隔离能力的多端口主干能量路由器为例，它由整流、双有源桥和逆变器（或 DC/DC 变流器）组成，为交流子网和直流子网提供能量接口。其中能量路由器内部的直流母线侧可接入储能模块，以增加能量路由器的能量控制灵活性。

1.2.3 智能功率/信息交换基站

智能功率/信息交换基站（smart power/information exchange station，

SPIES）是一种带有储能装置、多端、可交直流混合接入的电力电子设备，主要功能是监测关联微网的运行状态、功率平衡辅助控制及信息交互处理等。

SPIES 为蜂巢状有源配电网柔性互联（honeycomb active distribution network，HADN）方案的核心设备，各能源子网通过各自的公共耦合点（point of common coupling，PCC）接入 SPIES。区别于能量路由器，SPIES 在正常工况时不会进行大量的功率路由，而是与所连微电网进行少量功率调度，以平衡微电网内能量。SPIES 具有的分布式智能功能使得相邻基站可通过信息交互来实现整个配电网的管理。由于多基站提供了功率备用，蜂巢状柔性互联方案显著提高了系统的运行可靠性。

1.2.4 解耦互联器

加拿大魁北克省水电局研究所于 1994 年发明了一项基于相间功率控制器（interphase power controller，IPC）的应用——解耦互联器（dependency injection，DI），并成功研制了一台容量为 200MW 的 DI 装置。解耦互联器能够提供丰富潮流运算解，可用于不同子网络母线节点之间的互联，且不会贡献短路电流，能够解耦两侧电压，从而减少故障在互联区域间的影响。

1.2.5 回路功率控制器

回路功率控制器（loop power flow controller，LPC）是一种在中压水平下使有源配电网络闭环运行的控制器，其目的是最大限度地利用网络，并缓解分布式发电高普及率下的功率变化。

日本电力工业中央研究院提出了区域电网自治需求的电力系统概念，系统的馈线间通过 LPC 互联形成环网结构，提高配电网运行方式灵活性，有助于调整、稳定线路电压，强化各区域配电网间的潮流互济，能够有力地促进分布式电源的规模化接入。区域电网自治需求的电力系统的馈线间利用回路控制器互联，形成环网结构，其中电网的每个元件、负荷、配电网系统及电力电子设备均可协调运行，因而提高了分布式发电运行的灵活性。

1.2.6 环网平衡控制器

日本于2007年提出环网平衡控制器（loop balance controller，LBC）的概念，其主要功能是调整电网中的功率流动，以实现电网的平衡运行。同年，日本电力工业中央研究院借助绝缘栅双极晶体管（insulated gate bipolar transistor，IGBT）直接串联技术与紧凑化设计技术研制了LBC，并完成6.6kV/1MVA的装置示范应用，占地面积仅为6m^{2}左右，并可以安装在H型杆塔上，从而节省占地空间并提高土地利用率。试验结果表明，环网平衡控制器能够有效调控双端潮流分布，平衡馈线间负荷分配，并对线路末端的电压分布水平有一定改善作用。

1.2.7 灵活直流联络器

荷兰学者在背靠背电压源变流器（voltage sourced converter，VSC）的基础上进行扩展，提出了灵活直流联络器。将其应用于配电网，有助于实现灵活的组网方式，配电网潮流自主优化，能够使得配电网运行管理由横向朝纵向发展，强化配电网架构，以及提高运行的安全稳定性。

1.2.8 柔性多状态开关

柔性多状态开关（flexible multi-state switch，FMSS）采用电力电子新技术，是一种安装在配电网中、连接在两条或多条馈线之间，调整馈线间有功功率流动的电力电子装置。与常规开关相比，不仅具备通和断两种状态，而且增加了功率连续可控状态，兼具运行模式柔性切换、控制方式灵活多样等特点，可避免常规开关倒闸操作引起的供电中断、合环冲击等问题，还能缓解电压骤降、三相不平衡现象，促进馈线负载分配的均衡化和电能质量的改善，为未来智能配电网的实施提供了关键技术与设备支撑。

上述的每一种设备都是由电压源型变流器经不同连接方式构成的。每一种设备都可以看作是连接到电网网络节点的可控电流源，并且受到所连接节点电流和电压的约束，从而表现出设备独特的性能。

1.3 柔性互联接入配电网形式

柔性互联设备应用于配电网的接入模式主要有馈线间柔性闭环结构和环网间柔性联络两种，同时以网孔拓扑为基础、实现全系统柔性闭环运行的网孔型柔性互联结构配电网，可以更好地满足未来高渗透率可再生能源和多类型负荷的规模化接入需求。

1.3.1 馈线间柔性闭环结构

FID应用于馈线间柔性闭环的模式如图 1-1 所示，若直接替换联络开关对原配电网进行改造，配电网正常运行时可实现对单环网两条馈线 F1、F2 潮流的调节，但当配电网中（如 F1）发生故障时，该种方式下只有 F2 通过 SOP 对 F1 提供转供支撑，将产生不可忽视的转供损耗，并且如果 SOP 配置容量不满足 $N-1$ 准则要求，那么将影响负荷失电情况，进而降低系统可靠性。

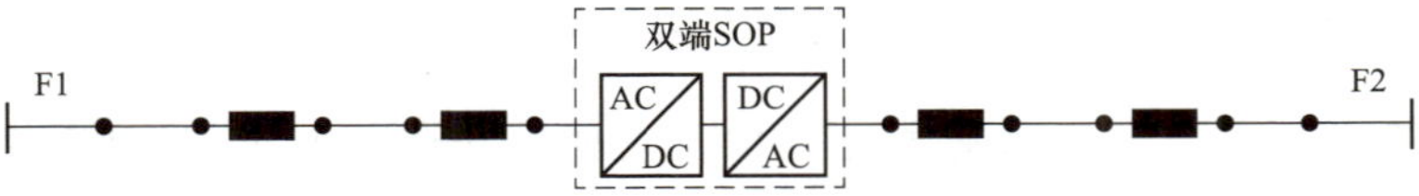

图 1-1 馈线间柔性闭环结构

1.3.2 环网间柔性联络结构

FID应用于环网间联络的模式如图 1-2 所示，SOP 端口出线连接不同单环网的馈线末端，配电网正常运行时通过各单环网联络开关与分段开关的配合，SOP 从时间周期的角度可实现对 F1～F4 的 4 条馈线进行多种馈线组合场景的调节。当配电网中（如 F1）发生故障时，除了 F2 可转供负荷外，F3 和 F4 结合单环网常规开关的通断配合，也可以通过 SOP 为 F1 提供转供支撑，该模式使得原本单联络的馈线故障后的联络馈线数目增多，提高了转供容量，能够提升系统可靠性水平。

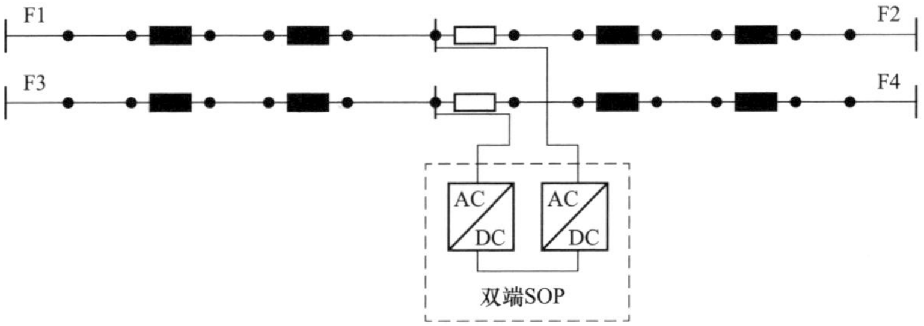

图 1-2　环网间柔性联络结构

1.3.3　网孔型柔性互联结构

未来配电系统中引入了分布式电源（distribution generator，DG）、需求响应等要素，导致其运行调度趋于复杂多变，未来配电系统需要更灵活畅通的网架结构。网孔型柔性互联结构如图 1-3 所示，网孔型配电网以 FID 作为核心组网装置，拓扑结构呈现网孔形态，4 条馈线可通过 SOP 实现潮流的灵活调节，有效克服馈线间闭环结构调节范围过小及环网间联络结构无法进行全系统时序潮流控制的局限性。网孔型拓扑对每条支路的潮流具有多方向连续调控能力，具备更强的潮流控制能力，在广域范围内构成多条能量的传输路径，在统筹局部源荷储资源的基础上，实现配电系统各主体之间的准确匹配和快速响应，更好地适应源荷的波动。

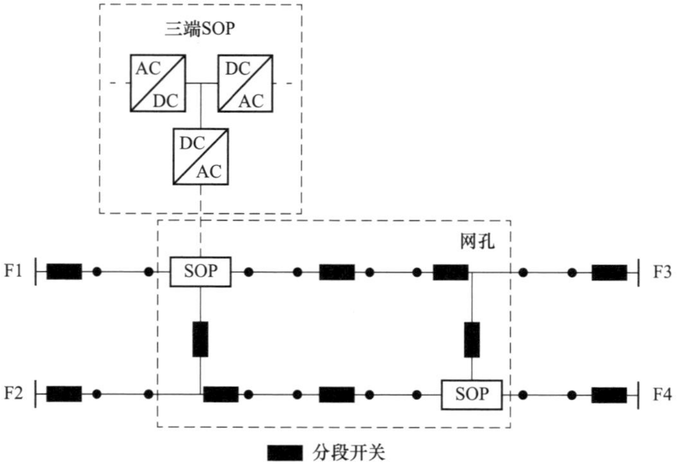

图 1-3　网孔型柔性互联结构

网孔型配电网中的网孔结构除呈现矩形形式外，还可构建其他形式的拓扑结构。在 DG、直流负荷、储能等直流供用电设备接入需求下，网孔型配电网还可衍生为交直流混联形态。在网孔型交直流混联配电网中，以双端 SOP 作为核心组网设备，以 SOP 的直流端口构造直流母线，在实现能量灵活传输的同时，对 DG、直流负荷等新型配用电技术也有着良好的兼容性和可扩展性。在实际工程应用中，网孔大小可以根据实际配电网的规模、需求等多方面因素综合优化确定。网孔型配电网拓扑无论以怎样的规律连接和铺展，任何基于网孔架构形成的配电网拓扑都可视为矩形网孔结构的扩展。

1.4 柔性互联控制保护

对柔性互联设备的运行控制可以分为系统控制、设备协同控制、变流器控制三个层次。

1.4.1 系统控制

系统控制主要指配电网主站能量管理系统，一般通过集中式运行调度的方案，对接入的多个柔性互联设备进行调度。此时，主站能量管理系统以系统全局最优为目标，经过优化计算，对系统中各柔性互联设备的有功功率和无功功率的指令值进行调整，以调节配电网的系统潮流分布，实现系统经济、安全可靠运行。

受传统配电网运行管理模式的影响，大部分柔性互联示范工程都采用了集中式运行控制。该方案的不足在于，随着系统规模的增大，对全局信息的处理难度大幅增加。因此，对通信、计算规模等资源要求更低的分布式运行控制成为相关研究的重要方向。

1.4.2 设备协同控制

设备协同控制层面主要指柔性互联设备的协同控制器，协同控制对所连接的交流馈线和直流设备进行功率/能量分配控制、馈线电压调节等能量管理。

1.4.3 变流器本地控制

变流器控制是指根据协同控制的指令，对 AC/DC 变流器进行控制，是运行控制策略的研究重点。并网型 AC/DC 变流器大多采用基于锁相环的电流跟踪控制模式，又称为跟网型控制或者馈网控制。该控制模式下，AC/DC 变流器可以等效为电流源并联阻抗，通过控制注入电网的电流来控制输出功率，具有响应速度快的优点，并且可以增加直流电压、有功/无功控制等外环控制。跟网型控制策略技术成熟度高，通过外环控制的设计能够满足潮流灵活控制和故障控制的要求，是柔性互联设备普遍采用的控制方式。

随着新能源接入增多、网架结构复杂程度增大，配电网局部呈现出了电网强度弱、电能质量差的特点。而现有跟网型控制所采用的经典锁相环、正负序控制等不能适应弱配电网的阻抗动态变化，这引发了系统不稳定等一系列问题。因此，对于跟网型控制的柔性互联设备来说，提升其弱电网适应性成为一个研究重点。

在弱配电网中，柔性互联设备电流跟踪控制中的锁相环带宽与电网阻抗之间存在强耦合关系，接入点电网强度的波动易导致锁相环引入不对称正反馈环路，会破坏 AC/DC 变流器的稳定性。为此，需对控制器参数进行优化设计，提升控制器的鲁棒性和动静态响应特性。

此外，弱配电网中存在电压不平衡现象，即电网电压中存在正序、负序和零序分量。其中，正序分量和负序分量的相互作用会导致交流侧有功功率和无功功率中存在两倍频波动分量。同时，不平衡配电网中存在的零序电流会引起共模电压，对配电网的安全稳定运行存在较大的危害。在大部分工程应用中，出于对经济性和技术成熟度的考虑，配电网柔性互联设备中的 AC/DC 变流器通常采用三相三线制，并采用联接变压器来阻断零序分量。

上述电流跟踪控制模式的不足在于不具备频率支撑的能力，而柔性互联设备的应用场景和功能决定了其应具备对其中一侧或者多侧馈线的支撑能力。构网型（grid-forming，GFM）控制策略是 AC/DC 变流器的研究热点之一。构网型变流器可以等效为电压源串联阻抗，通过控制输出端的电压来控制输出功率，可以实现对电网频率和电压的支撑，是未来配电网中并网变流器的重要发展方向。

构网型控制策略的内涵仍然处于不断的发展中，尚未有统一的定义，比较统一的认识是构网型变流器应具备类似同步发电机的特性，具有惯性和阻尼能力。常见的构网控制策略主要包括下垂控制、虚拟同步发电机控制和虚拟振荡器控制等。其中，虚拟振荡器控制属于非线性控制方法，仍处于研究阶段；下垂控制和虚拟同步发电机控制技术逐渐趋于成熟，并有示范应用开展。

利用柔性互联设备的直流接口，与储能、新能源发电等相融合，构造储能型柔性互联设备，配合虚拟同步发电机控制技术，可对配电网形成支撑能力。电网故障发生时，其电压调节相对较慢，会导致较大的冲击电流，与配电网柔性互联应用场景中不能增加故障电流的需求不符。同时，较大的冲击电流也增加了设备损坏的风险，有必要对冲击电流进行抑制。电流跟踪控制有电流内环，响应速度较快，可以有效地限制过电流。因此，可以在故障期间将虚拟同步发电机控制策略切换为跟网型控制。

配电网保护问题的主要过程是在配电网发生某种故障之后，首先对该故障点进行定位，并将故障区域隔离，接着通过一定的操作恢复受影响负荷的供电。其中，故障定位与故障隔离是保护的基础，要求配电系统能够快速、准确地监测系统运行状态，分析暂态信息。柔性互联智能配电网中大量电力电子设备和分布式电源的接入，提高了配电系统潮流分析和暂态过程的复杂性，为确定合理、准确的保护策略，配电系统需要处理大量的潮流运行和暂态信息，对信息处理的算力和速度有较高要求。FID 的直流隔离、状态检测、快速响应功能和多运行模式切换在故障保护过程中可发挥积极作用，同时 FID 与信息技术的融合提供了实现分布式智能的可能，通过设计合适的分布式自愈算法可缓解配电系统的控制压力。

配电网的故障保护控制通常具有如下原则：理想的控制状态是发生故障后能够通过设备动作实现负荷转供，以恢复负荷供电；而控制的底线则是在必要时切除非重要负荷供电，以保障重要负荷。相较于传统配电网，柔性互联智能配电网中的FID通过其直流隔离作用限制了故障的传播范围，同时FID中电力电子器件的响应比传统配电网中的开关倒闸操作更迅速，且FID可进行多端口能量路由，为负荷转供提供了更多的能量通路，提升了配电系统的可靠性。FID的接入为配电网的保护提供了一定的灵活性，SOP在配电网故障后可提供电压支撑。

国内外关于柔性互联参与配电网故障恢复过程的相关研究尚处在起步阶段，仍存在问题亟待解决。

柔性互联系统含有大量的电力电子变换装置，因此可采用主动式保护。主动注入保护技术是一种基于电力系统电磁暂态分析原理的保护技术，相比传统的被动检测技术，它通过注入人为的电信号来实现，主动对电力系统内的故障进行快速检测和定位，能以更高的速度和精度识别故障，有效避免传统被动保护在故障处理方面存在的误动或拒动现象，提高继电保护的可靠性。

以上研究探讨的大多是双端柔性互联装置参与配电网的故障恢复，而目前对于多端柔性互联装置的研究主要涉及配电网规划设计和优化运行调度。与两端型装置相比，多端型柔性互联装置的优势在于能够实现多个馈线/系统的互联，且对系统潮流调节的能力更强。一般情况下，两端柔性互联装置和多端柔性互联装置均采用 PQ 控制，通过为节点提供必要的功率支撑参与配电网的故障恢复过程，但不同之处在于，多端型柔性互联装置在此过程中涉及控制模式的转换，在故障发生后多端型柔性互联装置可以根据故障的发生位置切换控制模式，由功率控制切换到电压控制，为非故障失电区域进行快速的供电，能够保证供电的可靠性。

1.5 柔性互联实践现状

国网浙江省电力有限公司牵头立项的2017年年度国家重点研发计划“智能

电网技术与装备”重点专项“智能配电柔性多状态开关技术、装备及示范应用”的研究内容：为克服配电网中常规开关仅具备通和断两种状态的不足，增强配电网运行控制的灵活性，满足分布式电源消纳、高供电可靠性等定制电力需求，研究智能配电交流电力电子柔性多状态开关及应用技术。具体包括：智能配电交流电力电子柔性多状态开关装置；满足配电网分布式电源消纳、电能质量改善、运行优化与自愈控制技术要求的柔性多状态开关调控技术；柔性多状态开关系统接入模式及试验测试技术。

东南大学、清华大学及南方电网科学研究院对直流配电网的拓扑结构、控制方法及模式切换问题进行了阐述，提出了一种适用于直流配电网的电压控制策略，该策略使各端电压源换流站均具有维持电压和调节功率的能力，其中主站作为功率平衡节点，并为系统提供参考电压，其简化两端的运行模式即可实现两端交流电网互联。中国电力科学研究院配电所、东南大学提出面向未来能源互联网的能源局域网与能源子网层次化配用电侧灵活配电系统架构，其核心是新型全可控柔性配电装备——电能交换器和能量路由器，又称灵活配电单元，并论证了其可行性和有效性。

国网辽宁省电力有限公司、国网智能电网研究院有限公司结合柔性环网控制器的技术要求，基于柔性直流输电技术，考虑城市电网的实际安装位置及空间限制因素，提出 3 种适用于城市电网情况的柔性环网控制器拓扑方案，并对比分析不同方案的优势劣势，为选取最佳的工程适用性方案提供参考。根据柔性环网控制器的技术特点提出了直流平波电抗器、接地装置及联接变压器等设备的紧凑型优化方案，有效地进一步减小占地面积及投资，最大化突出背靠背柔性直流输电装置的优点，以适应不同应用场合的需求。国网智能电网研究院有限公司将柔性环网控制器、电力电子变压器、固态开关等一起系统化研究，发展柔性变电站，努力实现全控型变电站。

国网福建省电力有限公司（简称国网福建电力）在中压柔性互联、低压柔性互联和能量路由柔性互联方面均进行了大量的技术研究及工程建设。在中压柔性互联方面，泉州南安提出了建设中压馈线组柔性直流互联示范工程，在两条10kV馈线之间建立一套背靠背中压柔性直流互联系统，通过柔性直流互联系统，在馈线间完成功率转供，实现工业园区屋顶光伏的馈线间就地消纳、馈线动态增容、故障转供等。国网福建首次开展储能型模块化多电平变流器（modular multilevel converter，MMC）柔性互联系统工程设计，集新型储能于一体的配电网柔性换流系统，额定输出功率8MW，储能容量8MWh，实现不同供电片区柔性合环运行，功率互济互备，具有潮流灵活调控、分布式电源高效消纳、用电品质提升、电力可靠供应等功能。

在低压柔性互联方面，沙堤村构建了低压台区组微电网，在台区层面解决分布式光伏接入带来的一系列问题，实现台区自治。建设了一套集中式全功率型三端柔性直流互联系统，构建基于柔性直流互联技术的台区组交直流混合微电网，在柔性直流互联系统直流侧母线接入630kW/709kWh储能系统、3×60kW充电桩、20kW车棚光伏等直流负荷，实现多样化负荷接入管理，光伏高效就地就近消纳。在湄洲岛进行国内非隔离模块化柔性互联新型装置与工频变压器融合型互联装置的首次工程实践。工程可实现功率互济、直流高效就地消纳、微电网可调节资源池、并离网自动切换等功能。在翔云镇建设的台区共享储能工程是国内首个多台区电池单元共享型储能系统，在多个台区分别配置储能单元，通过直流母线将其相连接，实现多台区电池资源共享。台区的能量管理以智能融合终端为核心，实现多台区能量的区域时空转移。多台区储能系统变流器互联，实现多台区共享储能系统变流器复用，可最大限度降低储能容量配置。通过自主研发的控制算法，解决台区电压越限、三相不平衡等问题，实现台区组分布式光伏高效消纳。

2　柔性互联系统变流器及控制技术

2.1　概述

根据是否采用直流母线汇集，柔性互联系统主要分为交流型（交-交）、直流型（交-直-交）、混合型（能量路由器）。其中，交流型柔性互联系统不具有中间直流环节，与直流型柔性互联系统相比较，在桥臂、电抗器和电容等关键器件数量上存在潜在优势，进而在设备体积及生产成本上具备潜在优势，近年来逐渐得到了国内外学者的重视。以公共直流母线对各交流接口和直流接口进行汇集，并进行能量交换的直流型柔性互联系统因可以实现有功无功的解耦控制，具有较强的潮流调节能力。变流器是配电网柔性互联系统的核心装备之一，该章介绍三类柔性互联系统变流器的典型拓扑、控制方法、样机示范和工程应用。

2.2　交流型柔性互联系统

近年来，随着我国经济水平的快速增长，以及电力系统的不断建设，电网结构和运行方式愈加复杂。在电网实际运行中，潮流、电压面临的主要问题：关键输电断面潮流分布不均、局部电网供电能力不足；大规模可再生能源随机性强，电网潮流大范围波动难以灵活控制；城区负荷日益增长，区内电源减少，电网无功支撑匮乏等。研究电网潮流灵活控制技术并实现工程应用，是解决上述问题的重要途径。

灵活控制电网潮流不仅可以均衡线路负载，减少有功损耗，改善运行经济性，而且可以提高电网稳定性。传统电力系统采用固定式串联补偿装置改变线路阻抗，虽然能改变线路的潮流分布，但灵活性较差。随着电力电子技术的日益成熟，交流潮流控制器已经有统一潮流控制器（unified power flow controller，UPFC）、静止同步串联补偿器（static series synchronous compensator，SSSC）、可控串联补偿装置（thyristor controlled series compensation，TCSC）、移相器（phase-shifting transformer，PST）、统一电能质量调节器（unified power quality conditioner，UPQC）、多功能混合型电力电子变压器（multifunctional hybrid power electronic transformer，MHPET）和分布式潮流控制器（distributed power flow controller，DPFC）等多种类型结构。

UPFC 作为控制功能最强的交流潮流控制装置，其串联侧输出幅值和相角可变的补偿电压，能够同时调节线路输送的有功和无功功率，但是成本相对较高；SSSC 在线路中串入与线路电流角度垂直的电压，可灵活控制线路输送的有功功率，成本比 UPFC 略低；TCSC 通过控制晶闸管触发角实现串入线路等效阻抗的变化，进而改变线路潮流，技术成熟、可靠性高，但存在一定的阻抗不可控区；PST 通过控制移相角度实现潮流控制，国内外已投运工程均为机械式，仅能进行潮流的离散调节，但成本低、运行稳定。

2.2.1 UPQC

1. 拓扑结构

如图 2-1 所示，UPQC 系统由交流电网、串联变压器 Ts、串联变流器 VSC1、并联变流器 VSC2、直流母线电容器 Cdc1 和 Cdc2、直流母线电池组 Eb1 和 Eb2、输入静态开关 S1、旁路静态开关 S2 和负载组成。

假定由电网电源流入系统的总功率为 P_{in}，则

$$P_{in}=v_s i_s=(v_L+v_{c1})i_s \tag{2-1}$$

由 $i_s=-i_3+i_L$ 可得

$$P_{in}=v_s i_s=v_L i_L-v_L i_3+v_{c1} i_3 \tag{2-2}$$

如果控制系统使得式（2-3）成立

$$v_s i_s=v_L i_L+P_{dc} \tag{2-3}$$

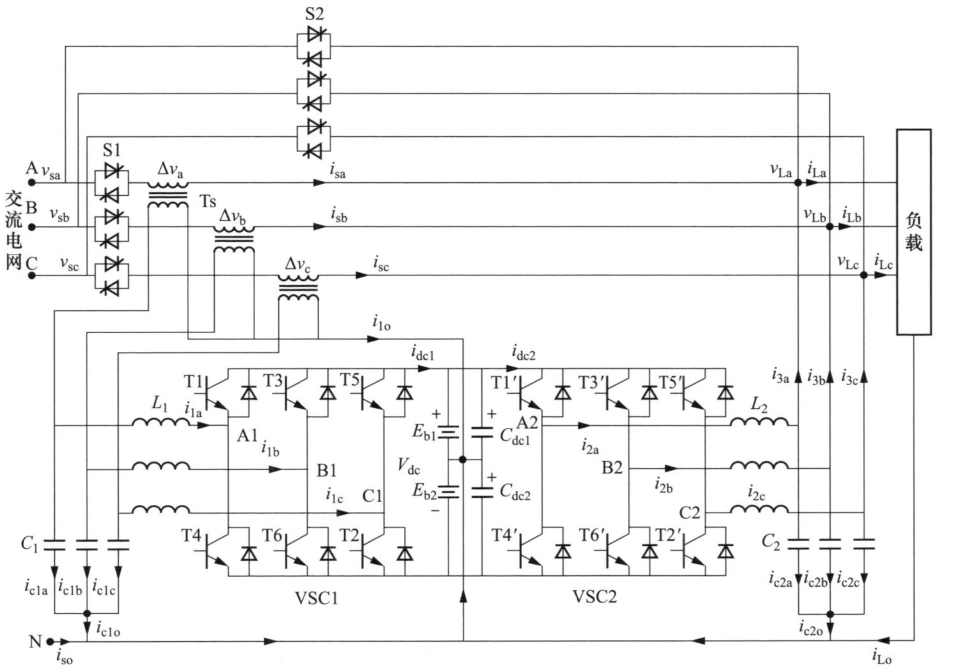

图 2-1 UPQC 拓扑结构图

那么可以得到

$$-v_L i_3 + v_{c1} i_s = P_{dc} \tag{2-4}$$

式中：P_{dc} 为 UPQC 的系统损耗。

对于串联变压器一、二次侧绕组变量有 $v_{c1} i_s = v_{c2} i_c$，可得

$$-v_L i_3 + v_{c2} i_c = P_{dc} \tag{2-5}$$

式（2-5）表明在式（2-3）成立的基础上，流入 UPQC 系统的有功总功率正好补偿了系统的损耗。如果忽略系统损耗，那么可以认为在这种情况下两个电力有源滤波器的输入、输出有功功率是平衡的。

考虑直流母线电流，可以得到电力有源滤波器输入的有功功率的表达式。

串联电力有源滤波器输入的有功功率为

$$P_{series\_AF} = v_{c2} i_1 = V_{dc} i_{dc1} \tag{2-6}$$

并联电力有源滤波器输入的有功功率为

$$P_{shunt\_AF} = -v_L i_3 = -V_{dc} i_{dc2} \tag{2-7}$$

则式（2-5）所示的功率平衡方程变为

$$V_{dc}i_{dc1}-V_{dc}i_{dc2}=P_{dc} \tag{2-8}$$

通常电网电压是不可调节的，而负载端电压则要求为额定值，负载电流由负载大小和类型决定，系统的损耗也不可控，因此要使式（2-3）成立，只有控制电网输入电流，才能使 UPQC 系统内功率平衡。

由图 2-1 知 $i_s=-i_3+i_L$，可见 i_s 的控制有两种方案。一种是通过控制 i_3 来间接控制 i_s，即并联变流器被控为电流源输出所需电流 i_3，使得 i_s 为与电网同相的正弦值。这时串联电力有源滤波器则必须被控为电压源来补偿电网电压。另一种是直接控制 i_s 为正弦电流，而迫使补偿电流 i_3 流入并联变流器。这时串联变流器被控为正弦电流源，以使输入电流为正弦，而并联变流器被控为正弦电压源，以使负载端电压为标准正弦值。串联有源滤波器被控为正弦电流，因此其对电网谐波电压的阻抗很大，使电网谐波电压不能传递到负载侧，从而实现电网谐波电压的隔离。而对于基波电流而言，其阻抗可控，从而对电网基波进行补偿。对于并联有源滤波器而言，由于被控为纯正弦电压源，其对谐波电流的阻抗为零，谐波电流全部流入并联有源滤波器，从而实现了负载谐波电流和电网之间的隔离。而对于基波电压而言，其阻抗可控，从而能提供负载所需的无功电流，以及用于实现系统功率平衡的有功电流。

由式（2-5），同时也可以得到电网电压波动时的 UPQC 内的功率流向，分析如下。

系统损耗可忽略，则可得

$$P_{series\_AF}=v_{c1}i_s=-P_{shunt\_AF} \tag{2-9}$$

通常情况下负载端电压被控为与电网电压同相的额定正弦波电压，而电网输入电流则被控为与电网电压同相的正弦波电流。因此，式（2-9）可表示为

$$P_{series\_AF}=(|v_s|-|v_L|)|i_s|=-P_{shunt\_AF} \tag{2-10}$$

式（2-10）表明了内有功功率流向随电网电压波动变化的情况。UPQC 在电网电压不同时的有功功率流向如图 2-2 所示。

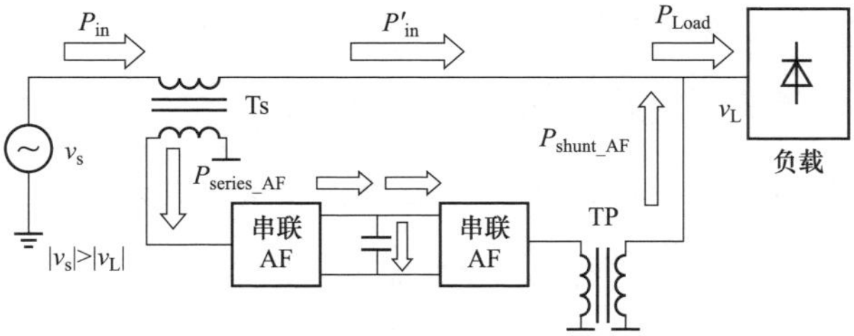

(a) $|v_s|>|v_L|$

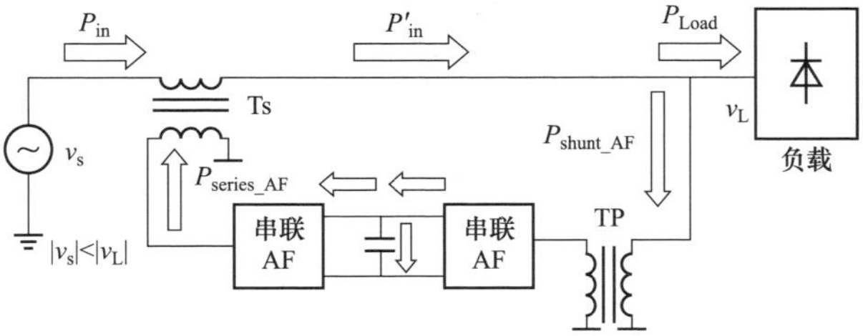

(b) $|v_s|>|v_L|$

图 2-2　UPQC 在电网电压不同时的有功功率流向

以上分析表明通过将串联有源滤波器控制为正弦电流源，而将并联有源滤波器控制为正弦电压源，能够使 UPQC 有效工作。负载和电网的谐波得到了有效隔离。

2. 控制策略

一般的控制策略是将串联电力有源滤波器控制为电压源，来补偿电网基波电压和谐波电压，而并联有源电力滤波器则被控为电流源，来吸收负载谐波电流，并调节直流母线电压。通过这样的补偿策略，负载端的电压变为标准的纯正弦电压，并且电网输入电流也变为与电网基波电压同相的纯正弦电流。对于电网而言，这样就好像给一个纯电阻负载供电一样。在这种控制系统中，需要将电网基波分量和谐波分量很好地检测出来，才能获得良好的性能，做法是在两相同步旋转坐标系下通过低通滤波器和高通滤波器来获得基波和谐波分量。但这又同时引起了相位滞后和滤波延时的效应。

在分析系统功率平衡的基础上，串联有源电力滤波器被控为正弦电流源，以使输入电流为正弦，而并联有源电力滤波器则被控为正弦电压源，来使得负载端电压为标准正弦值。通过这种控制策略，可以同时实现电网谐波电压补偿、电网基波电压补偿、负载谐波电流补偿和负载无功电流补偿等功能。

（1）并联电力有源滤波器的控制。将串联有源滤波器控制为正弦电流源、并联有源滤波器控制为正弦电压源的方法有很多种。在这里采用了状态反馈解耦的方法来控制电力有源滤波器，以获得良好的效果。

由于在三相三线制的系统中不存在零序分量，可以得到并联电力有源滤波器在同步旋转的坐标系下的数学模型如下

$$\begin{cases} i_{2d}=i_{3d}-\omega C'_2 v_{\mathrm{L}q}+C'_2\dfrac{\mathrm{d}v_{\mathrm{L}d}}{\mathrm{d}t} \\ i_{2q}=i_{3q}+\omega C'_2 v_{\mathrm{L}d}+C'_2\dfrac{\mathrm{d}v_{\mathrm{L}q}}{\mathrm{d}t} \end{cases} \tag{2-11}$$

$$\begin{cases} v'_{2d}=v_{\mathrm{L}d}-\omega L'_2 i_{2q}+L'_2\dfrac{\mathrm{d}i_{2d}}{\mathrm{d}t} \\ v'_{2q}=v_{\mathrm{L}q}+\omega L'_2 i_{2d}+L'_2\dfrac{\mathrm{d}i_{2q}}{\mathrm{d}t} \end{cases} \tag{2-12}$$

式中：v'_{2d}、v'_{2q}、L'_2、C'_2是考虑折算关系后的电路参数，其中 $C'_2=3C_2$，$L'_2=3L_2$。

$$\begin{bmatrix} v'_{2d} \\ v'_{2q} \end{bmatrix}=\boldsymbol{T}_{\text{3S-2R}}\begin{bmatrix} v_{2\mathrm{a}}-v_{2\mathrm{b}} \\ v_{2\mathrm{b}}-v_{2\mathrm{c}} \\ v_{2\mathrm{c}}-v_{2\mathrm{a}} \end{bmatrix}\frac{N_4}{N_3} \tag{2-13}$$

式中：$\boldsymbol{T}_{\text{3S-3R}}$ 为将变量从三相静止 a、b、c 坐标系变换到两相同步旋转 dq 坐标系下的变换阵，其定义如下

$$\boldsymbol{T}_{\text{3S-3R}}=\sqrt{2/3}\begin{bmatrix} \cos\omega t & \cos(\omega t-2\pi/3) & \cos(\omega t+2\pi/3) \\ -\sin\omega t & -\sin(\omega t-2\pi/3) & -\sin(\omega t+2\pi/3) \end{bmatrix} \tag{2-14}$$

式中：ω 为同步旋转角速度，且同步旋转坐标系的 d 轴定在电网电压矢量 v_{s} 的方向上；t 为时间变量。

并联电力有源滤波器的数学模型如图 2-3 所示，由图可知 d、q 轴之间存在复杂的耦合关系。为了获得良好的静、动态性能，必须将 d、q 轴之间的耦合去掉，这里采用了双解耦的双环控制策略。

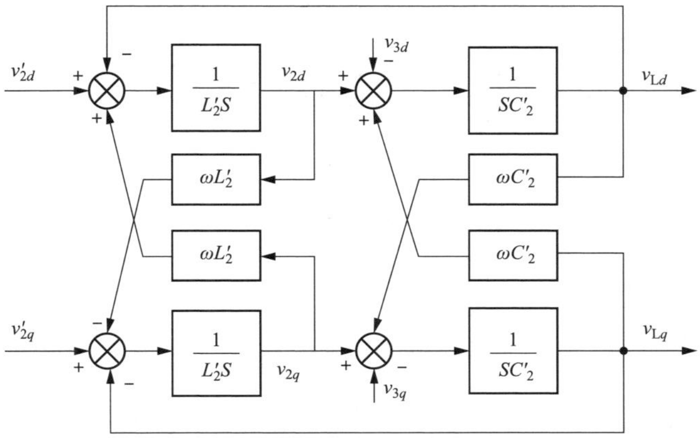

图 2-3 并联电力有源滤波器的数学模型

图 2-4 为并联电力有源滤波器双解耦双环控制框图。由图可知，这种控制方案采用了电压环作为外环，电流环作为内环；每一个环路都包含相应的状态反馈解耦量。通过解耦简化了控制对象，方便了控制器的设计。由于控制系统中的 d 轴定在电网电压矢量的方向上，其指令信号可定为 $v_{Ld}^{*}=V_{R}$、$v_{Ldq}^{*}=0$，则并联有源滤波器会输出与电网电压同相的正弦电压。

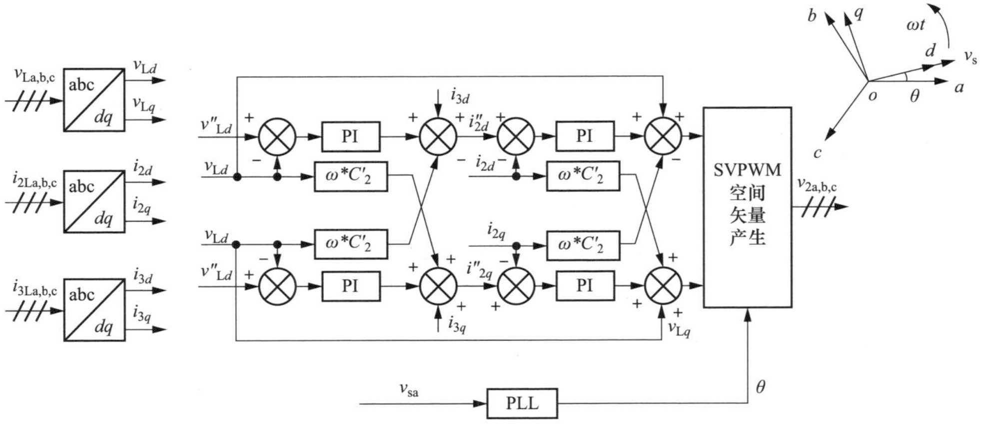

图 2-4 并联电力有源滤波器双解耦双环控制框图

（2）串联电力有源滤波器的控制。根据以上分析，串联有源滤波器被控为与电网电压同相的正弦电流源。因滤波电容 C_1 和电感 L_1 的电阻都非常小，所以在建立串联有源滤波器电路数学模型时将其忽略，两相同步旋转 dq 坐标系下

的数学模型如下

$$\begin{cases}\dfrac{\mathrm{d}i_{1d}}{\mathrm{d}t}=\omega i_{1q}-\dfrac{v_{1d}}{L_1}+\dfrac{v_{c2d}}{L_1}\\[2ex]\dfrac{\mathrm{d}i_{1q}}{\mathrm{d}t}=-\omega i_{1d}-\dfrac{v_{1q}}{L_1}+\dfrac{v_{c2q}}{L_1}\end{cases}\tag{2-15}$$

式中：ω 为同步旋转角速度。

式（2-15）表明其 d、q 轴之间存在交叉耦合，且在一般情况下输入电压中含有大量谐波，因此更需要系统具有较宽的响应带宽，以使输入电流正弦化。为了解决这个问题，引入了状态反馈解耦和电压前馈补偿，来简化控制器设计且消除 d、q 轴之间的耦合，串联电力有源滤波器控制框图如图 2-5 所示。经过状态反解耦和电压前馈补偿后，dq 坐标系下的系统可当作互相独立的系统来处理，输入电压的扰动也被消除了，各轴都可以当作一个独立的二阶系统来配置调节器参数。这里为了提高系统的带宽，采用了 PID 调节器作为电流调节器。

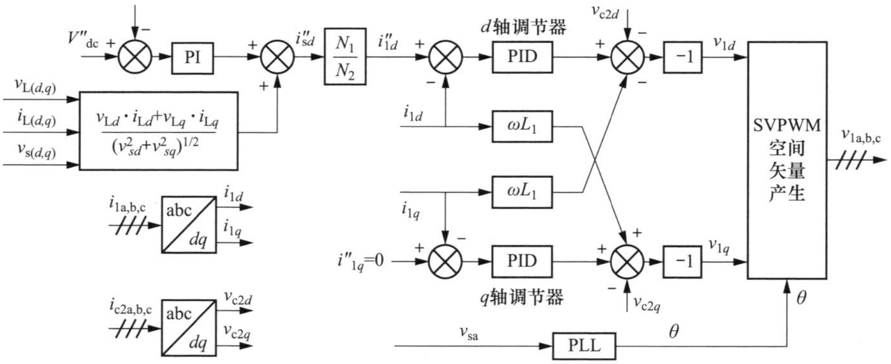

图 2-5　串联电力有源滤波器控制框图

2.2.2　DPFC

1. 拓扑结构

DPFC 将 UPFC 原有结构中通过直流电容连接的串并联变流器分开，并利用分布式静止串联补偿器（distributed static series compensator，DSSC）的思想将串联侧分布化，在该拓扑结构的基础上，通过三次谐波在串并联变流器之间交换有功功率，从而达到综合调节线路潮流的目的，DPFC 拓扑结构图如图 2-6 所示。并联侧由两个背靠背的变流器组成，变流器 VSC1 为三相变流器，VSC2 为单相变流器，二者由一个公共直流电容相连。通过一个耦合变压器将电网电压接入到 VSC1 的交流侧，VSC1 吸收电网的有功功率来稳定直流电容电压；变流器 VSC2 输出一定大小的三次谐波电流，该电流经由首端 Y-D 变压器 Y 侧的中性点均匀分布到输电线路中。串联侧根据其控制器的指令，一方面吸收线路上的三次谐波电流，用以维持自身电容电压的稳定；另一方面按照实际的功率补偿需求，产生一定幅值和相位的基频交流电压，串联变流器电压和线路首端电压叠加在一起，以此来改变线路的潮流。

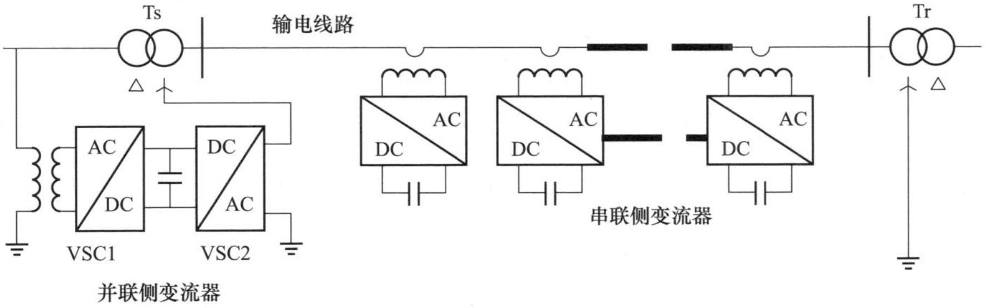

图 2-6 DPFC 拓扑结构图

三次谐波电流被变压器 D 侧阻隔，无法流通，因而经过末端 Y-D 变压器 Y 侧的中性点接地后形成回路。由于大大减少了部分装置的容量，节省了相间的低压绝缘和开关管的成本，较之 UPFC 而言，DPFC 更加经济可靠。

DPFC 由并联侧和串联侧组成，并联侧有两个变流器，分别为 VSC1 与 VSC2；串联侧有一个或多个变流器。实际运行中，变频器的工作频率很高，如果计及开关频率，需要很小的步长。本节研究 DPFC 对潮流的控制能力，忽略开关动作，根据能量传递关系建立 DPFC 的暂态模型。所有不同频率分量叉乘的积分为零，不同频率下的有功功率彼此独立，对基波和三次谐波分别建模。由单相模型等效法可得 DPFC 基波等效电路图，如图 2-7 所示。

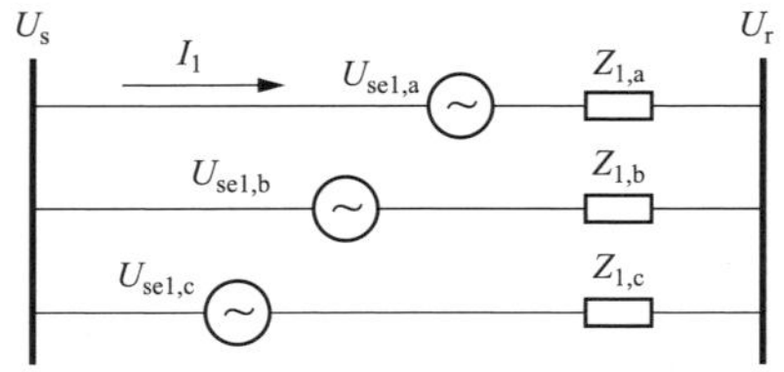

图 2-7　DPFC 基波等效电路图

图 2-7 中，U_s 为线路首端线电压，U_r 为线路末端线电压，$U_{sel,a}$、$U_{sel,b}$、$U_{sel,c}$ 为串联侧变流器逆变电压的基波分量，$Z_{1,a}$、$Z_{1,b}$、$Z_{1,c}$ 为线路基波等效电抗，I_1 为线路基波电流。对图 2-7 系统可写出基波电压方程如下

$$\begin{bmatrix} U_{s,a} \\ U_{s,b} \\ U_{s,c} \end{bmatrix} - \begin{bmatrix} U_{sel,a} \\ U_{sel,b} \\ U_{sel,c} \end{bmatrix} - \begin{bmatrix} U_{r,a} \\ U_{r,b} \\ U_{r,c} \end{bmatrix} = \begin{bmatrix} Z_{1,a} & 0 & 0 \\ 0 & Z_{1,b} & 0 \\ 0 & 0 & Z_{1,c} \end{bmatrix} \begin{bmatrix} I_{1,a} \\ I_{1,b} \\ I_{1,c} \end{bmatrix} \tag{2-16}$$

式中：$U_{s,a}$、$U_{s,b}$、$U_{s,c}$ 分别为输电线路首端 A、B、C 相电压；$U_{r,a}$、$U_{r,b}$、$U_{r,c}$ 为输电线路末端各相电压；$I_{1,a}$、$I_{1,b}$、$I_{1,c}$ 为线路电流中的基波分量。

为减小装置容量，并联侧变流器 VSC2 只与串联侧交换串联变流器直流电容所需的三次谐波有功功率，所以 VSC2 可用等效电压源 $U_{sh,3}$ 代替，串联侧各变流器也由电压源等效，三次谐波等效电路图如图 2-8 所示。

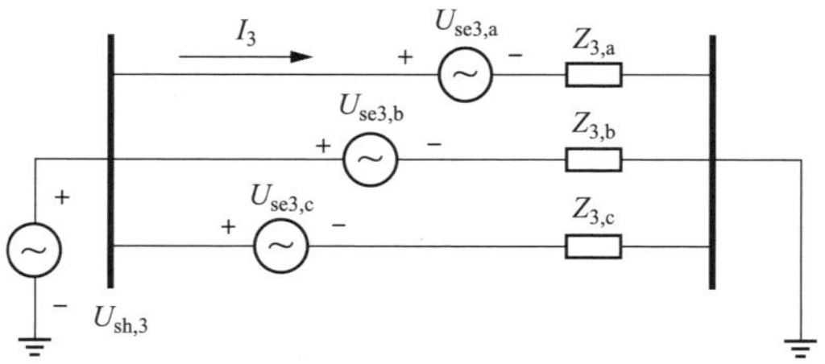

图 2-8　三次谐波等效电路图

图 2-8 中，$U_{se3,a}$、$U_{se3,b}$、$U_{se3,c}$ 为串联侧变流器逆变电压的三次谐波分量，$Z_{3,a}$、$Z_{3,b}$、$Z_{3,c}$ 为线路三次谐波等效电抗，I_3 为线路三次谐波电流。同理，对图 2-8 系统可写出三次谐波电压方程如下

$$\begin{bmatrix} U_{sh,3} \\ U_{sh,3} \\ U_{sh,3} \end{bmatrix} - \begin{bmatrix} U_{se3,a} \\ U_{se3,b} \\ U_{se3,c} \end{bmatrix} = \begin{bmatrix} Z_{3,a} & 0 & 0 \\ 0 & Z_{3,b} & 0 \\ 0 & 0 & Z_{3,c} \end{bmatrix} \begin{bmatrix} I_{3,a} \\ I_{3,b} \\ I_{3,c} \end{bmatrix} \tag{2-17}$$

式中：$I_{3,a}$、$I_{3,b}$、$I_{3,c}$ 分别为线路电流中的三次谐波分量。

如前所述，为减小装置容量，并联侧变流器 VSC2 只与串联侧交换串联变流器直流电容所需的三次谐波有功功率，所以 VSC2 可用电压源 $U_{sh,3}$ 近似等效。串联侧变流器以单相形式分别接入各相系统，串联侧变流器示意图如图 2-9 所示。

图 2-9 中，$ref_{U,se1}$ 和 $ref_{U,se3}$ 分别为控制器提供的串联侧变流器基波参考电压与三次谐波参考电压；$U_{se,dc}$ 为串联侧变流器直流电容母线电压；$I_{se,dc}$ 为串联侧变流器直流侧电流；C_{se} 为串联侧变流器直流电容值；I 为线路电流，其值为基波和三次谐波电流的叠加，即 $I=I_1+I_3$；串联侧变流器等效电压为 U_{se}，且

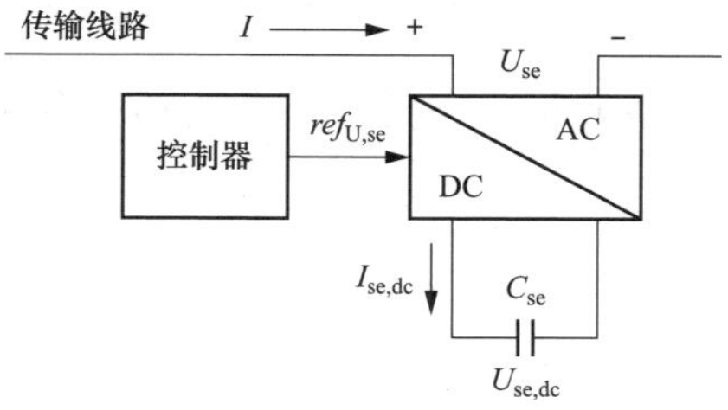

图 2-9　串联侧变流器示意图

$$U_{se}=U_{se1}+U_{se3} \tag{2-18}$$

$$U_{se1}=U_{se,dc}ref_{U,se1} \tag{2-19}$$

$$U_{se3}=U_{se,dc}ref_{U,se3} \tag{2-20}$$

由此，串联侧变流器吸收的有功功率 P_{se} 可表示为

$$P_{se}=U_{se1}I_1\cos\varphi_1+U_{se3}I_3\cos\varphi_3 \tag{2-21}$$

式中：φ_1 为串联侧产生的基波电压与线路基波电流的相角差；φ_3 为串联侧产生的三次谐波电压与线路三次谐波电流的相角差。

串联侧变流器的工作模态主要有两个：一是吸收并联侧三次谐波电流，以维持直流侧电容电压的稳定，同时发出基波功率补偿系统侧的损失功率；二是吸收并联侧基波电流，维持直流侧电容电压的稳定，发出三次谐波功率补偿并联侧的损失功率。因此，串联侧变流器吸收的有功功率 P_{se} 需用直流电容参数表示，如式（2-22）所示

$$C_{se}\frac{\mathrm{d}U_{dc,se}}{\mathrm{d}t}=I_{se,dc}=\frac{P_{se}}{U_{dc,se}} \tag{2-22}$$

2. 控制策略

(1) 基波控制。DPFC 能否发挥其作用的关键在于控制的优劣，尤其是如何控制和利用好新引入的三次谐波，这也是 DPFC 区别于 UPFC 的关键所在。如上所述，在进行系统建模时忽略了线路中电阻的影响，只保留线路阻抗的虚部 jX，由此可以得到线路自然潮流为

$$P_{r0}+\mathrm{j}Q_{r0}=U_r\left(\frac{U_s-U_r}{\mathrm{j}X_1}\right)^* \tag{2-23}$$

由于串联变流器对系统呈现的为基波电压，而其三次谐波电压仅用于与并联变流器进行有功功率交换，加入串联侧补偿的电压后，线路潮流可表示为

$$P_r+\mathrm{j}Q_r=U_r\left(\frac{U_s-U_{se1}-U_r}{\mathrm{j}X_1}\right)^* \tag{2-24}$$

用式 (2-23) 减式 (2-24)，可得 DPFC 补偿功率的大小为

$$P_{rc}+\mathrm{j}Q_{rc}=\frac{U_rU_{se1}^*}{\mathrm{j}X_1} \tag{2-25}$$

DPFC 的补偿范围是一个以自然潮流 (P_{r0}，Q_{r0}) 为圆心，半径等于 $|U_r||U_{se1}|/X_1$ 的圆，Ψ 为 U_{se1} 与 U_r 的相角差。因此，式 (2-25) 可写为

$$P_{rc}+\mathrm{j}Q_{rc}=\frac{U_rU_{se1}^*}{\mathrm{j}X_1}=\frac{|U_r||U_{se1}|}{|X_1|}\sin\Psi+\mathrm{j}\frac{|U_r||U_{se1}|}{|X_1|}\cos\Psi \tag{2-26}$$

将串联侧电压 U_{se1} 分解为与 U_r 同相位的横向量 $U_{se1,d}$ 和与 U_r 垂直 90°的纵向量 $U_{se1,q}$，通过改变 $U_{se1,d}$、$U_{se1,q}$ 的值，改变补偿功率 P_{rc}、Q_{rc} 的值。由此可得串联侧基波控制器示意图，如图 2-10 所示。

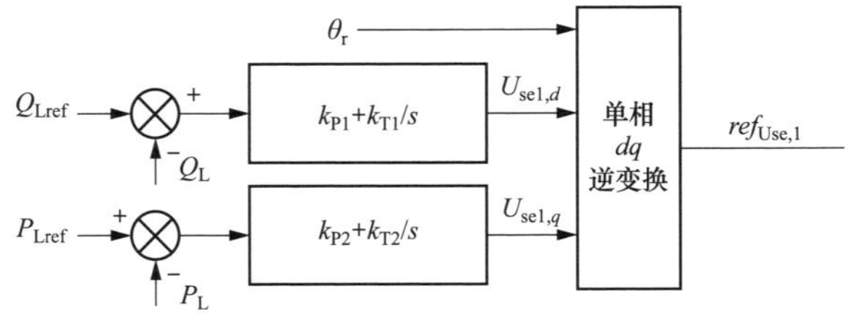

图 2-10 串联侧基波控制器示意图

图 2-10 中，P_L、Q_L 为实际测得的线路有功和无功功率；P_{Lref}、Q_{Lref} 为给定的有功和无功功率；k_{P1}、k_{T1}、k_{P2}、k_{T2} 分别为 PI 控制器的比例系数与积分系数；θ_r 为线路末端电压 U_r 的相角。

（2）三次谐波控制。串联侧变流器稳定工作的前提是其直流电压的恒定。由式（2-23）可知，直流电压的波动反映的是变流器与输电线路有功交换的变化，变流器所需的有功功率是由线路中的三次谐波电流提供的。由于线路中的三次谐波电流维持恒定，可将串联侧电压 U_{se3} 分解为与 I_3 同相位的横向量 $U_{se3,d}$ 和与 I_3 垂直 90°的纵向量 $U_{se3,q}$，通过改变 $U_{se3,d}$，改变直流电压，这与式（2-23）一致，由此可得串联侧三次谐波控制器示意图，如图 2-11 所示。

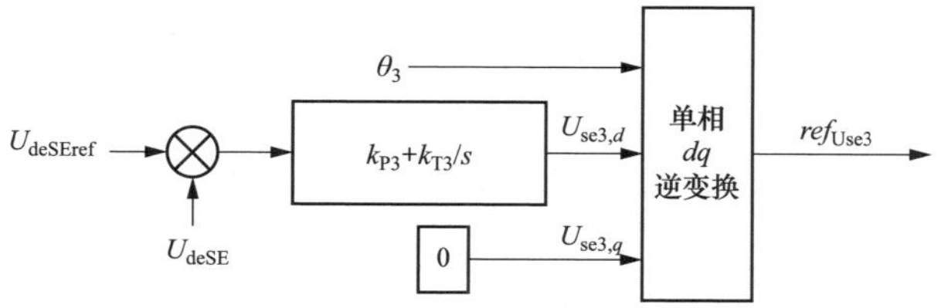

图 2-11　串联侧三次谐波控制器示意图

图 2-11 中，U_{dcSE}、$U_{dcSEref}$ 为直流电压的实际测量值与给定值；k_{P3}、k_{T3} 分别为 PI 控制器的比例系数与积分系数；θ_3 为线路三次谐波电流 I_3 的相角。

2.2.3　其他类型交流潮流控制器

1. 静止同步串联补偿器

静止同步串联补偿器（SSSC）也是基于电压源型变流器的技术，可通过向输出线路注入可控电压来调节线路电压的幅值和相位，实现对线路和临近电网的潮流分配与优化。SSSC 主要由 VSC、串联变压器和旁路晶闸管等组成。SSSC 拓扑结构如图 2-12 所示。

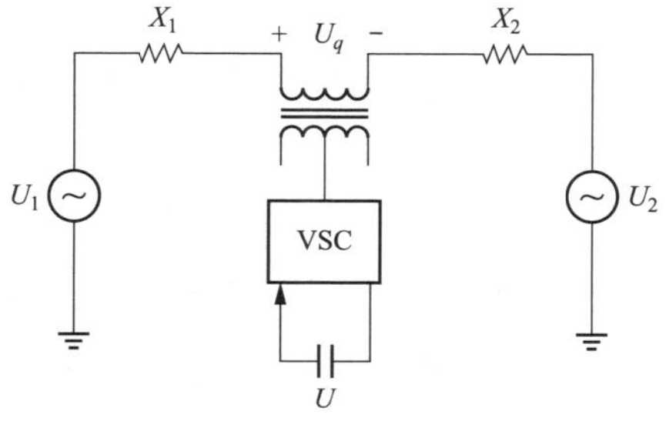

图 2-12　SSSC 拓扑结构示意图

图 2-12 中，VSC 产生近似超前或滞

后线路电流 90°的可控电压，串联变压器起到变压和隔离作用，旁路晶闸管可在保护动作时快速旁路和隔离故障。SSSC 在电力系统的应用中呈现诸多优势，例如，可以快速响应控制指令、具有抗干扰能力和产生可控补偿电压等。其控制模式可分为电压补偿模式和电抗补偿模式。当 SSSC 处于电压补偿模式时，可以注入幅值为常数的电压；当 SSSC 处于电抗补偿模式时，其注入电压和补偿线路中的电流将成比例，最大容性或感性电抗将维持为常数。总体来讲，SSSC 可在容性与感性的范围内实现控制功能，为电力系统提供补偿。

2. 移相器

移相器（PST）包括串联变压器、并联变压器和变换装置，图 2-13 为连续可控 PST 拓扑结构示意图。

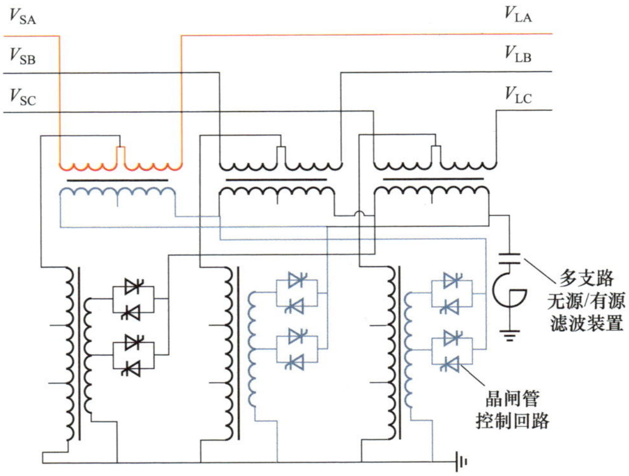

图 2-13　连续可控 PST 拓扑结构示意图

PST 先通过并联变压器得到线路电压，再通过变换装置得到串入线路的补偿电压，从而改变线路功率。连续可控 PST 并联变压器二次侧绕组仅两个抽头，分别与两组反并联的晶闸管阀连接，通过连续控制晶闸管的触发角，使其轮流导通，可实现输出电压基波分量幅值的连续变化。晶闸管只能在电流过零时关断，因此工作时不能随意控制晶闸管的导通和关断，必须根据负载的状况合理控制，其控制策略较为复杂。控制电压在不停变化时会向系统注入大量低次谐波，须安装滤波器。

2.2.4 混合变压器

1. 拓扑结构

混合变压器系统由多绕组变压器、补偿单元、整流单元及静态开关四部分组成，混合变压器拓扑示意图如图 2-14 所示。图 2-14 中多绕组变压器包括一次侧三角形绕组 D1、一组主回路星形绕组 Y1 和一组辅助三角形绕 D2。辅助绕组 D2 连接背靠背变流器中的并联控制器，主回路绕组 Y1 中的每一相均与背靠背变流器输出端串联后连接负载。串联接口由串联变压器和反并联的晶闸管组成。并联控制器由三相两电平变流器构成，交流侧通过 L 滤波电感和 D2 相连。串联控制器由三个直流侧并联的 H 桥变流器组成，交流侧输出分别与 Y1 中的三相串联。

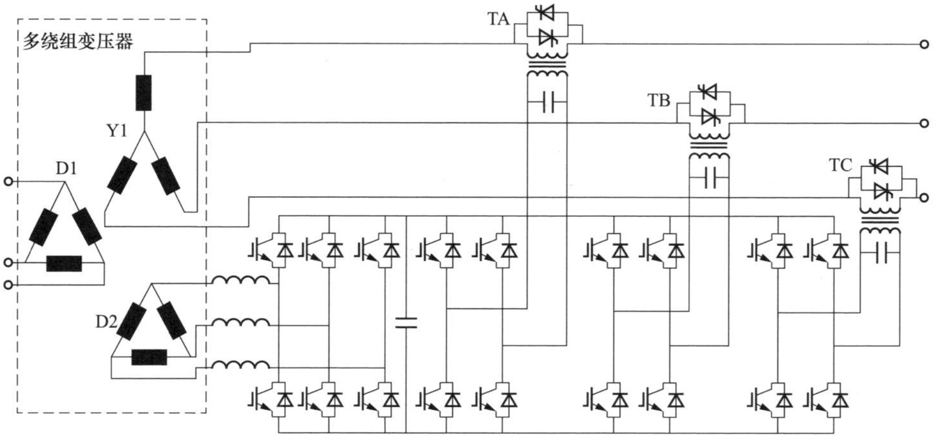

图 2-14 混合变压器拓扑示意图

主回路 Y1 的主要功能为大功率电能传输，辅助绕组 D2 及变流器回路的主要功能为对主回路的电能质量进行补偿。按照结构特性，可以对前串联控制器分别进行讨论。前串联控制器的等效原理图如图 2-15 所示。图 2-15 中的（a）、（b）分别对应前后级的等效电路图。并联控制器可以等效为三相三线 SVG 或者

STATCOM 的拓扑，因此并联控制器可以完成无功补偿或者谐波治理的目标。此外，并联控制器通过外加的直流电压控制环负责直流侧电压的稳定。

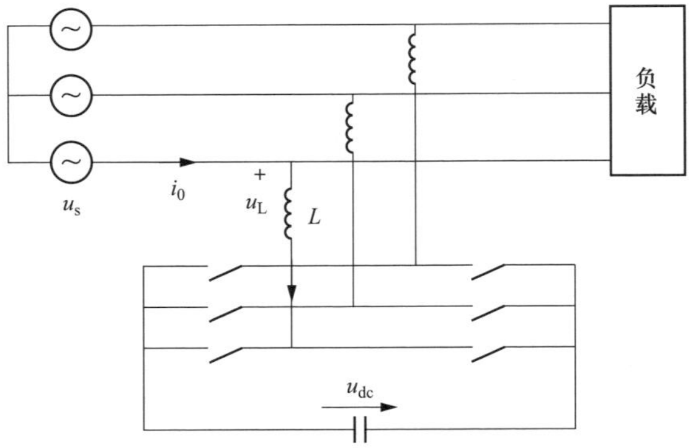

(a) 前级变换器简化原理图

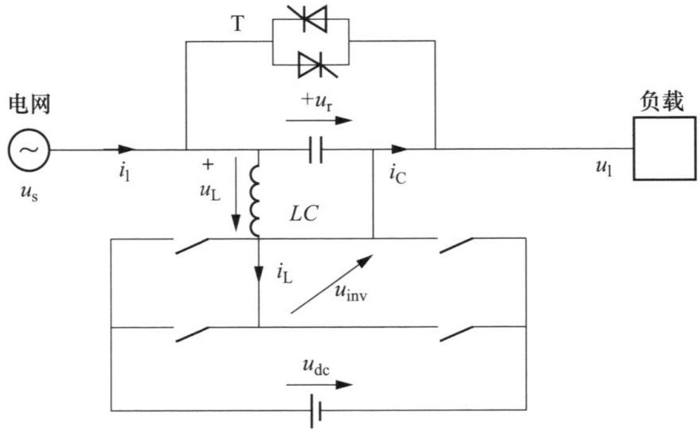

(b) 后级变换器简化原理图

图 2-15　前串联控制器等效原理图

串联控制器的每一相可以等效为单相 DVR 拓扑，可以有效地调节主回路的电压，从而让负载电压保持稳定。

TA、TB、TC 晶闸管用来投切串联控制器，当主回路不需要电压调节时，晶闸管将串联部分旁路，串联控制器不工作；当主回路需要电压调节时，晶闸管关断，串联控制器投入工作。

2. 控制方法

基于混合电力电子变压器的交流潮流控制功能由并联变流器和串联变流器两个部分实现，这两个相互关联部分需要相对应地控制方法，同时并联变流器可独立作为 STACOM 控制使用，串联变流器可独立作为 SSSC 控制使用，它们又各自需要对应的控制策略。因此，混合型电力电子变压器的潮流控制方法主要分为串联控制器的控制方法和并联控制器的控制方法。

基于混合电力电子变压器的 UPFC 并联与串联侧结构可用 2 个三相电压源逆变器来表示，三相电压源逆变器 a、b、c 轴拓扑图如图 2-16 所示。通过 park 变换，可在 d、q 轴表示，三相电压源逆变器 d、q 轴拓扑图为图 2-17。

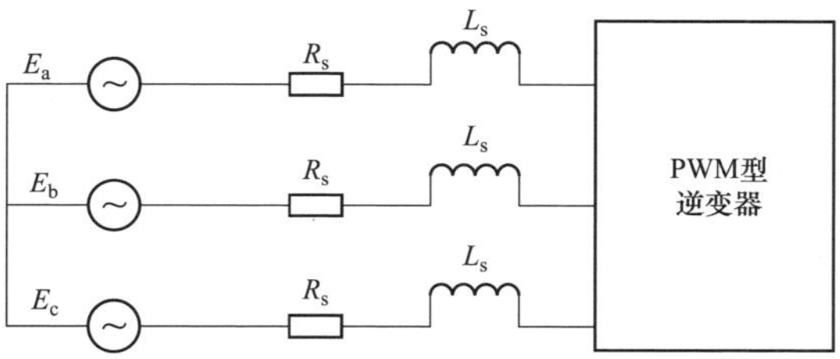

图 2-16　三相电压源逆变器 a、b、c 轴拓扑图

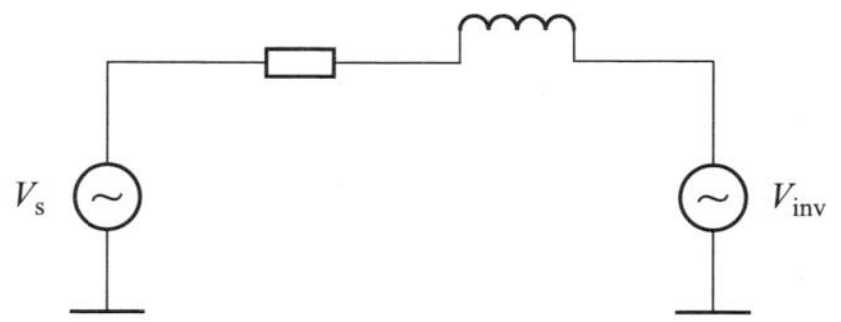

图 2-17　三相电压源逆变器 d、q 轴拓扑图

基于混合电力电子变压器的 UPFC 在 d、q 轴的拓扑图如图 2-18 所示。

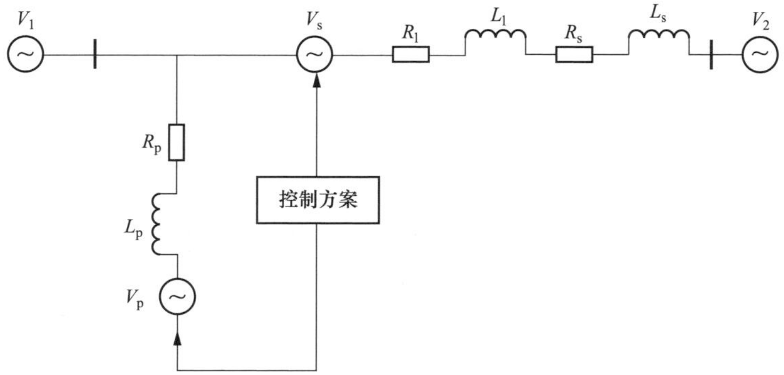

图 2-18　基于混合电力电子变压器的 UPFC 在 d、q 轴的拓扑图

（1）串联控制器控制方法。串联控制器可以等效为一个串联电压源 V_p，其幅值和相角可控，可以用来调节线路的潮流分布，其实际值由四种不同的模式决定。

1）直接电压注入模式：串联变流器根据任意输入设定值要求的幅值和相角简单地产生一个输出电压矢量。

2）移相调节模式：串联变流器注入一个适当的电压，使电网接收端电压 V_2 与发送端电压 V_1 相比，相角发生变化，幅值保持不变。

3）线路阻抗调节模式：注入的补偿电压与线路电流呈现比例关系，使得从线路上看，串联在线路上的变压器类似于一个阻抗。期望的阻抗值为输入设定值，可以是实数（纯电阻）或复数（电阻加电抗形式）。

4）自动潮流控制模式：基于混合电力电子变压器的 UPFC 有独特的能力，可以独立地控制传输线路的有功功率和特定点的无功功率。这种能力是通过把注入的补偿电压看成一个二维的矢量，达到调节线路潮流的目的。对于潮流控制而言，这是一种相当有潜力的控制模式。

针对基于混合电力电子变压器的 UPFC 串联控制器的控制方法进行分析，串联侧控制方案如图 2-19 所示。将并联侧变压器与开关的阻抗等效为 R_p、L_p，串联侧变压器与开关的阻抗等效为 R_s'、L_s'，线路阻抗为 R_l、L_l，令 $L_s'+L_l=L_s$，$R_s'+R_l=R_s$，可得串联端 d、q 轴的控制方程如下

$$\begin{cases} L_s \cdot \dfrac{\mathrm{d}i_{sd}}{\mathrm{d}t}=V_{1d}+V_{sd}-V_{2d}-R_s I_{sd}+\omega L_s I_{sq} \\ L_s \cdot \dfrac{\mathrm{d}i_{sq}}{\mathrm{d}t}=V_{1q}+V_{sq}-V_{2q}-R_s I_{sq}-\omega L_s I_{sd} \end{cases} \tag{2-27}$$

离散化上述方程，采用前向差分法，经整理可得控制方程如下

$$\begin{cases} V_{sd}(k)=V_{2d}(k)-V_{1d}(k)+R_s I_{sd}(k)-\omega L_s I_{sq}(k) \\ \qquad +L_s \dfrac{I_{sd}^*(k+1)-I_{sd}(k)}{T_s} \\ V_{sq}(k)=V_{2q}(k)-V_{1q}(k)+R_s I_{sq}(k)+\omega L_s I_{sd}(k) \\ \qquad +L_s \dfrac{I_{sq}^*(k+1)-I_{sq}(k)}{T_s} \end{cases} \tag{2-28}$$

定义瞬时复功率 $S=\dfrac{3}{2}V\bar{I}$，则 $P+\mathrm{j}Q=\dfrac{3}{2}(V_d+\mathrm{j}V_q)(I_d-\mathrm{j}I_q)$，$d$、$q$ 轴电流给

定值为

$$\begin{cases} I_d^* = \dfrac{2}{3}\dfrac{V_d P^* + V_q Q^*}{V_d^2 + V_q^2} \\ I_q^* = \dfrac{2}{3}\dfrac{V_q P^* - V_d Q^*}{V_d^2 + V_q^2} \end{cases} \tag{2-29}$$

式中：$I_{sd}^*(k+1)$ 和 $I_{sq}^*(k+1)$ 分别指（$k+1$）时刻电流的预测值，这里分别用电流的给定值来代替。

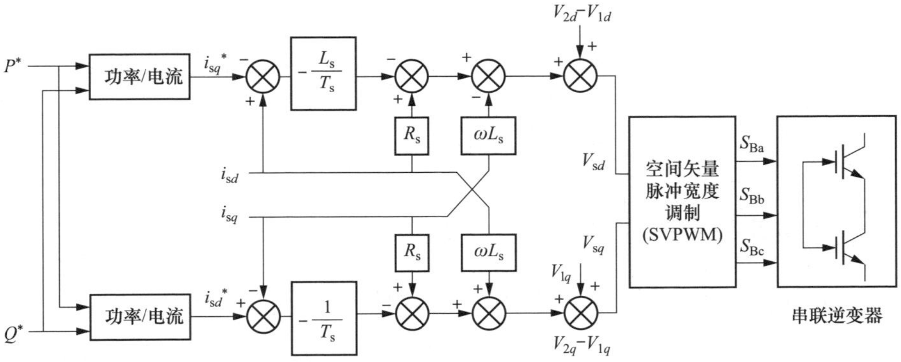

图 2-19　串联侧控制方案

（2）并联控制器控制方法。并联控制器可以等效为一个并联电流源 I_q，其工作方式是，从输电线路吸入一可控电流 I_q，电流可分为两部分考虑：一部分用来维持直流电容的稳定，给串联变流器提供需要的有功功率支持，可称之为有功电流分量；另一部分可以提供无功电流补偿，称之为无功电流分量，而且它还能用来维持并联端节点电压稳定。并联变流器有两种控制模式。

1）无功控制模式：输入设定值是感性或容性的无功，并联变流器的控制系统把无功设定转化为一个所需的并联电流，并且调节变流器的门极产生所期望的电流，控制中使用的实际电流反馈信号通过位于并联变压器的电流传感器获得。另外，还需要中间直流电压的反馈信号 V_{dc}。这样，控制系统可以让无功保持稳定，而不管线路电压如何变化。并联控制器的无功补偿控制模式类似于传统的静止无功补偿器（static var compensator，SVC）。

2）自动电压控制模式：在这种模式下，并联变流器的无功电流自动调节，用来维持输电线上的节点电压在一个设定值，自动电压控制中使用的实际电压反馈信号通过电压传感器获得。

针对基于混合电力电子变压器的 UPFC 并联控制器的控制方法进行分析，并联侧控制方案如图 2-20 所示，将并联侧变压器与晶闸管的阻抗等效为 R_{p}、L_{p}，串联侧变压器与晶闸管的阻抗等效为 R_{s}'、L_{s}'，线路阻抗为 R_{1}、L_{1}，令 $L_{\mathrm{s}}'+L_{1}=L_{\mathrm{s}}$，$R_{\mathrm{s}}'+R_{1}=R_{\mathrm{s}}$，可得并联端 d、q 轴的控制方程如下

$$\begin{aligned} L_{\mathrm{p}}\cdot\frac{\mathrm{d}i_{\mathrm{p}d}}{\mathrm{d}t}&=V_{1d}+V_{\mathrm{p}d}-R_{\mathrm{p}}I_{\mathrm{p}d}+\omega L_{\mathrm{p}}I_{\mathrm{p}q}\\ L_{\mathrm{p}}\cdot\frac{\mathrm{d}i_{\mathrm{p}q}}{\mathrm{d}t}&=V_{1q}-V_{\mathrm{p}q}-R_{\mathrm{p}}I_{\mathrm{p}q}-\omega L_{\mathrm{p}}I_{\mathrm{p}d} \end{aligned} \tag{2-30}$$

离散化上述方程，采用前向差分法，经整理可得控制方程如下

$$\begin{cases} V_{\mathrm{p}d}(k)=V_{1d}(k)-R_{\mathrm{p}}I_{\mathrm{p}d}(k)+\omega L_{\mathrm{p}}I_{\mathrm{p}q}(k)\\ \qquad -L_{\mathrm{p}}\dfrac{I_{\mathrm{p}d}^{*}(k+1)-I_{\mathrm{p}d}(k)}{T_{\mathrm{s}}}\\ V_{\mathrm{p}q}(k)=V_{1q}(k)-R_{\mathrm{p}}I_{\mathrm{p}q}(k)-\omega L_{\mathrm{p}}I_{\mathrm{p}d}(k)\\ \qquad -L_{\mathrm{p}}\dfrac{I_{\mathrm{p}q}^{*}(k+1)-I_{\mathrm{p}q}(k)}{T_{\mathrm{s}}} \end{cases} \tag{2-31}$$

定义瞬时复功率 $S=\frac{3}{2}V\bar{I}$，则 $P+\mathrm{j}Q=\frac{3}{2}(V_{d}+\mathrm{j}V_{q})(I_{d}-\mathrm{j}I_{q})$，$d$、$q$ 轴电流给定值

$$\begin{cases} I_{d}^{*}=\dfrac{2}{3}\dfrac{V_{d}P^{*}+V_{q}Q^{*}}{V_{d}^{2}+V_{q}^{2}}\\ I_{q}^{*}=\dfrac{2}{3}\dfrac{V_{q}P^{*}-V_{d}Q^{*}}{V_{d}^{2}+V_{q}^{2}} \end{cases} \tag{2-32}$$

式中：$I_{\mathrm{p}d}^{*}(k+1)$ 和 $I_{\mathrm{p}q}^{*}(k+1)$ 分别指（$k+1$）时刻电流的预测值，这里分别用电流的给定值来代替。

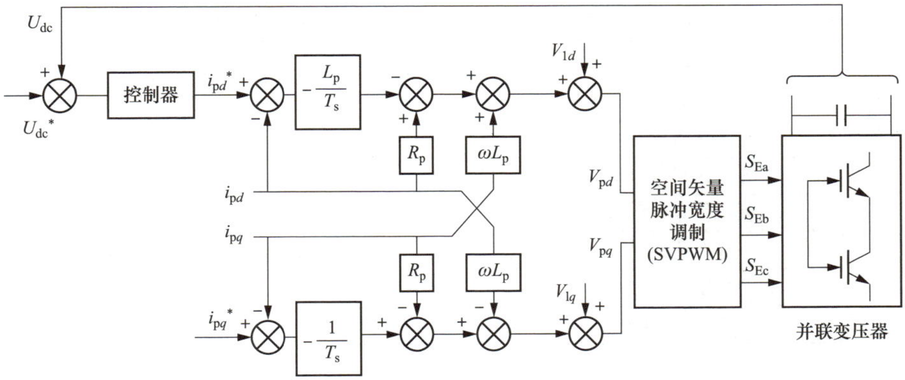

图 2-20　并联侧控制方案

3. 验证仿真

为验证上述控制策略的有效性，利用 Matlab/Simulink 搭建基于混合电力电子变压器的 UPFC 仿真模型，在电网不平衡工况下进行仿真验证。基于混合电力电子变压器的 UPFC 系统模型示意图如图 2-21 所示。

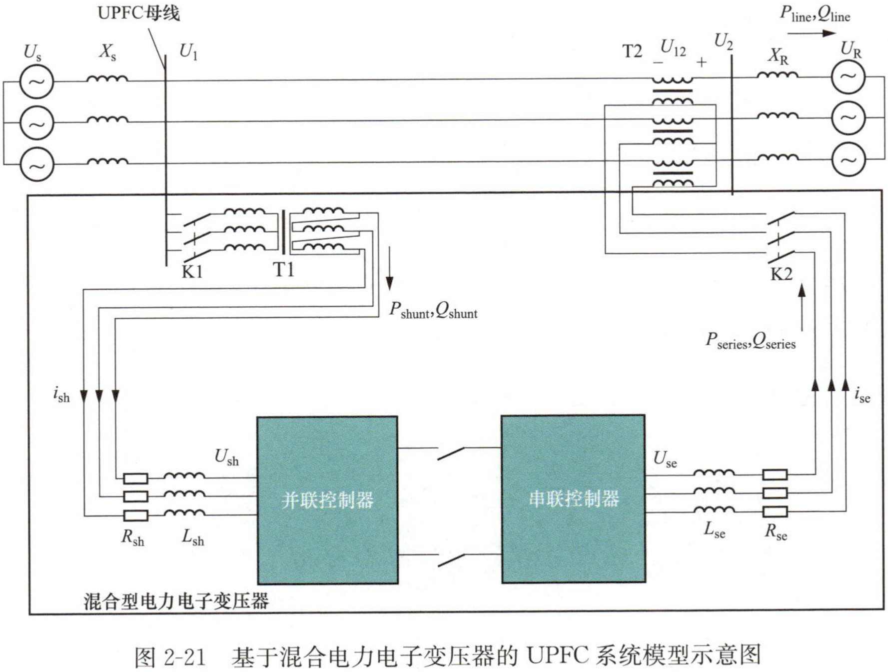

图 2-21　基于混合电力电子变压器的 UPFC 系统模型示意图

基于混合电力电子变压器的 UPFC 关键仿真参数见表 2-1。

表 2-1　　　　基于混合电力电子变压器的 UPFC 关键仿真参数

名称	参数
送端交流母线电压 U_s	10kV
送端线路电抗 X_s	8mH
受端交流母线电压 U_R	10kV
受端线路电抗 X_R	0.1H
直流母线电压	800V
并联变压器变比	35/18
串联变压器变比	26.5/18

仿真设置在 0～0.04s 的时间内电网电压保持三相平衡状态，0.04s 时电网 A 相跌落至原幅值的 70%，0.08s 时基于混合电力电子变压器的 UPFC 进行负序补偿。

图 2-22、图 2-23 分别为并联侧电网电压各序分量仿真波形图和并联侧电网电流各序分量仿真波形图。从两组图中可以看到，当 0.04s 发生电压跌落故障时，电网电压、电网电流的各序分量就被准确分离。从图 2-23 可以看出，发生故障时，电网电流正序分量有所下降，且有负序分量产生。变压器网侧为三角形接法，没有零序电流通道，因此零序电流几乎为零。并联控制器输出电流各序分量仿真波形图如图 2-24 所示，0.08s 时并联侧开始对电网进行负序补偿，从图 2-24（c）可以看出电网负序电流很快得到了抑制，几乎为零，验证了不平衡下工况下基于混合电力电子变压器的 UPFC 并联侧控制策略的有效性。并联侧 a 相子模块电容电压仿真波形图如图 2-25 所示，三相不平衡工况下控制器子模块电容电压能够保持在给定值附近，保证直流母线电压稳定。

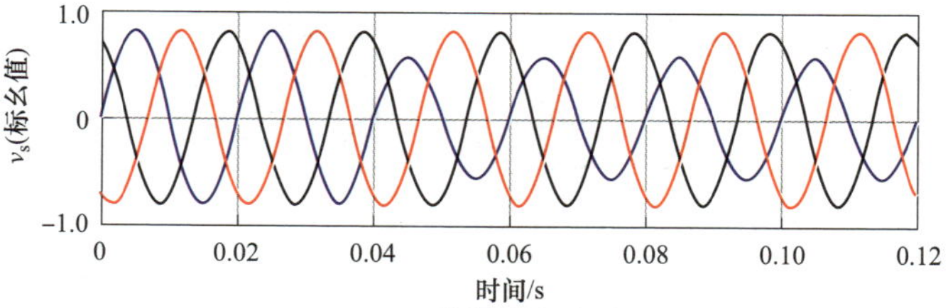

(a) 并联侧电网电压

图 2-22　并联侧电网电压各序分量仿真波形图（一）

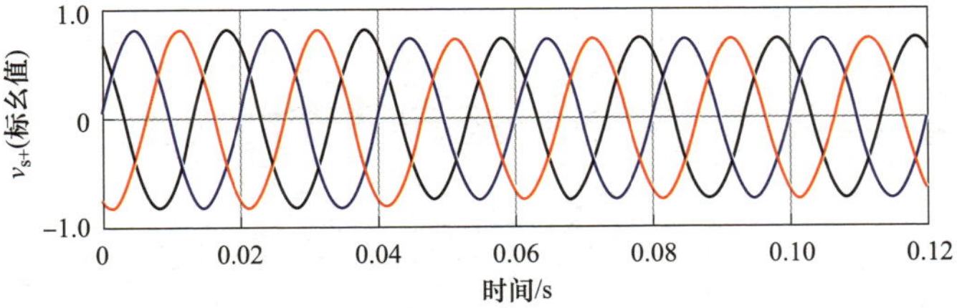

(b) 网侧电压正序分量

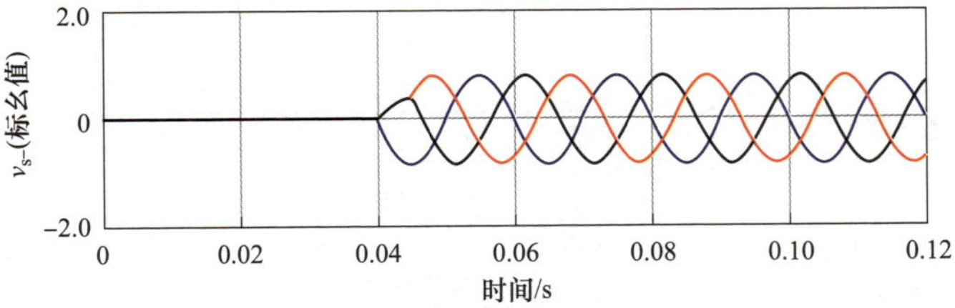

(c) 网侧电压负序分量

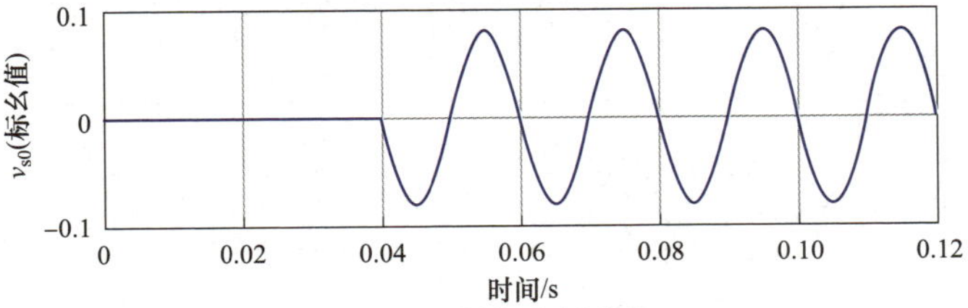

(d) 网侧电压零序分量

图 2-22　并联侧电网电压各序分量仿真波形图（二）

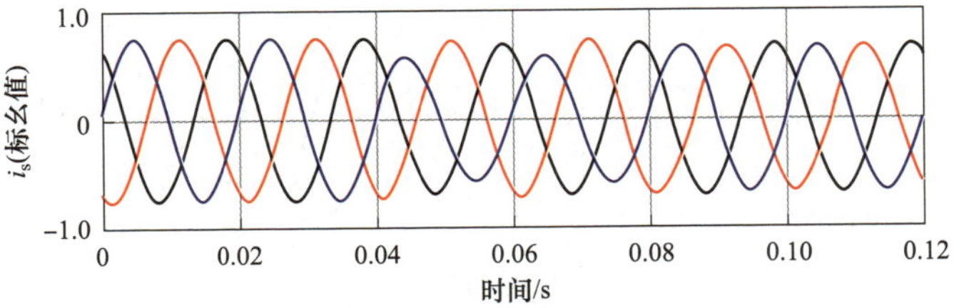

(a) 网侧电流

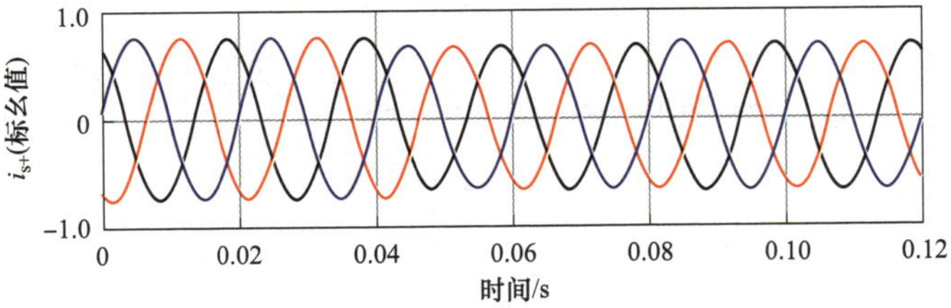

(b) 网侧电流正序分量

图 2-23　并联侧电网电流各序分量仿真波形图（一）

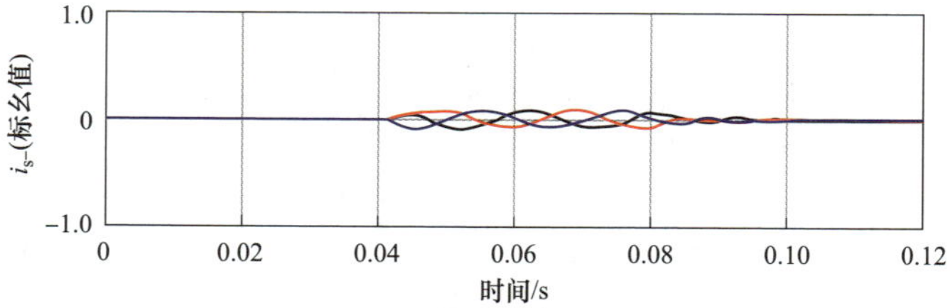

(c) 网侧电流负序分量

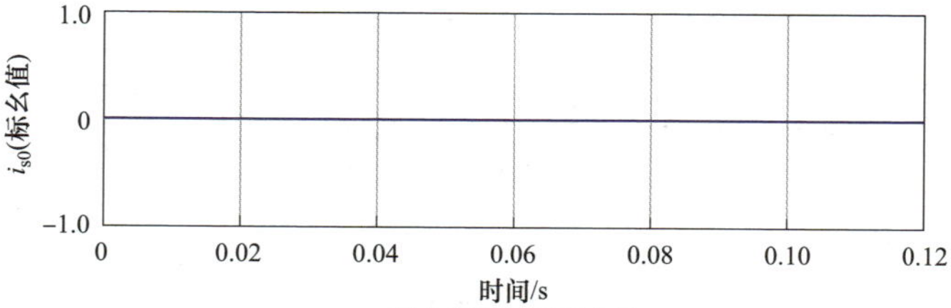

(d) 网侧电流零序分量

图 2-23　并联侧电网电流各序分量仿真波形图（二）

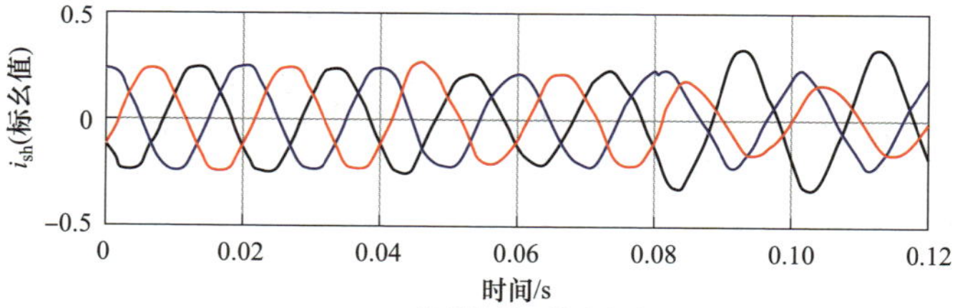

(a) 并联控制器输出电流

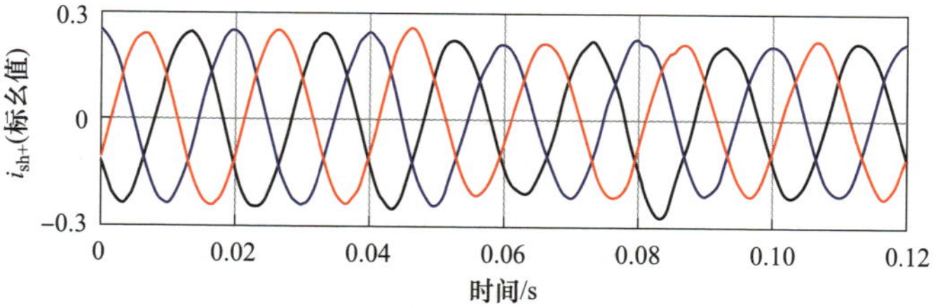

(b) 并联输出电流正序分量

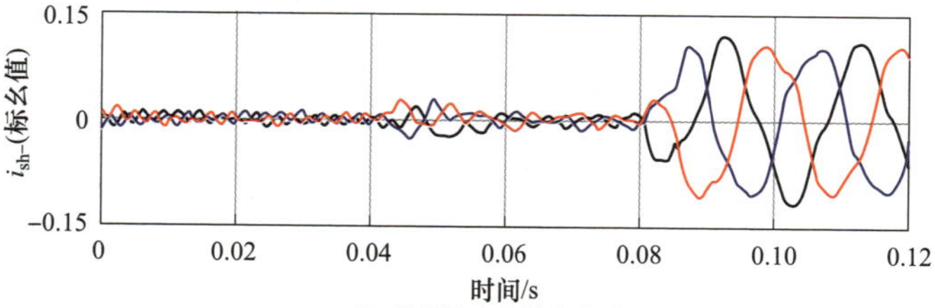

(c) 并联输出电流负序分量

图 2-24　并联控制器输出电流各序分量仿真波形图

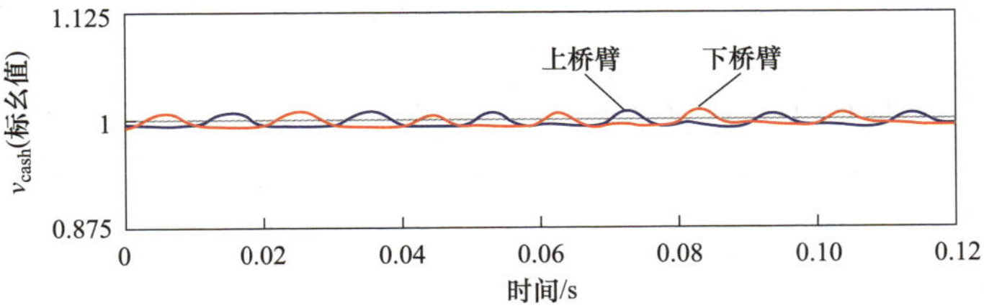

图 2-25　并联侧 a 相子模块电容电压仿真波形图

串联控制器输出电流各序分量仿真波形图如图 2-26 所示，不平衡工况时串联侧输出电流包含明显的负序分量，会加剧系统的不平衡程度，而 0.08s 后经过负序控制使得串联侧的负序电流很快得到抑制。串联侧直流电流仿真波形图如图 2-27 所示，电网不平衡时直流电流会产生明显的二倍频波动，所提控制策略能够抑制二倍频成分。线路潮流仿真波形图如图 2-28 所示。串联侧 a 相子模块

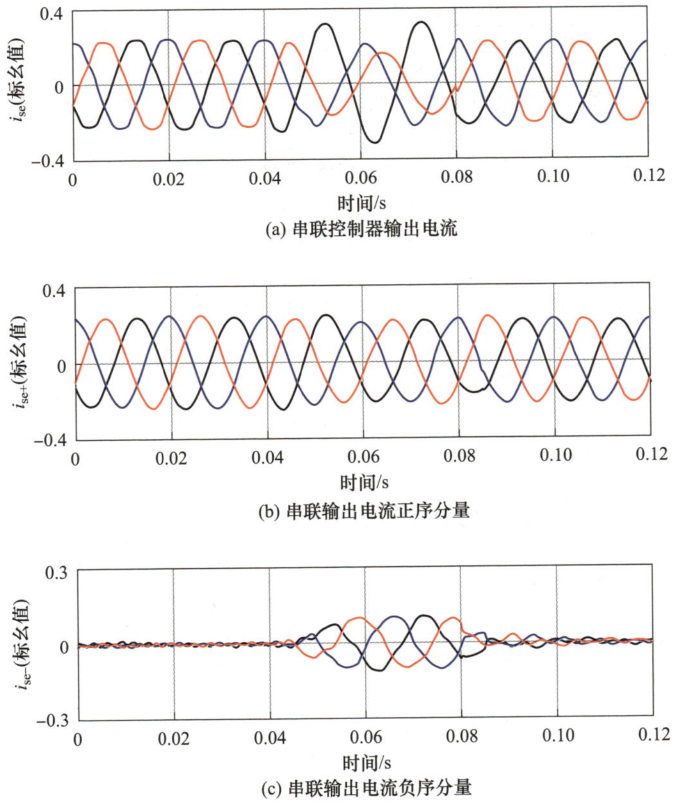

图 2-26　串联控制器输出电流各序分量仿真波形图

电容电压仿真波形图如图 2-29 所示，由于串联侧输出电流中的负序分量得到抑制，有功和无功功率的二倍频波动分量也随之得到抑制，且线路潮流能够跟随参考值，验证了不平衡下工况下基于混合电力电子变压器的 UPFC 串联侧控制策略的有效性。

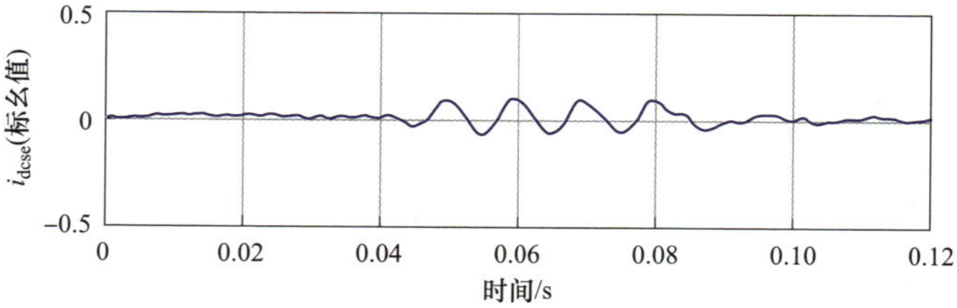

图 2-27　串联侧直流电流仿真波形图

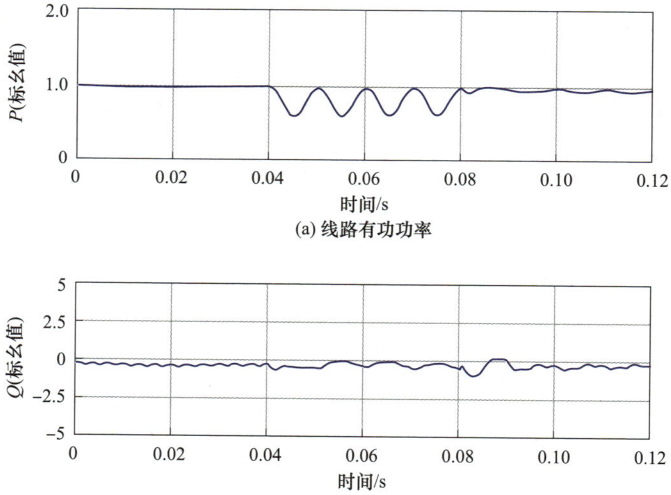

(a) 线路有功功率

(b) 线路无功功率

图 2-28　线路潮流仿真波形图

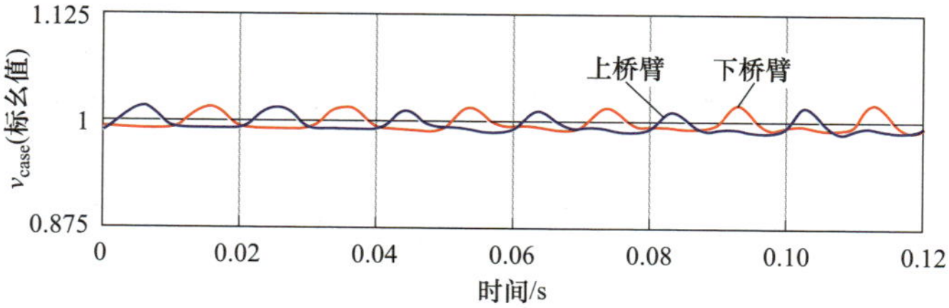

图 2-29　串联侧 a 相子模块电容电压仿真波形图

4. 样机示范

图 2-30 为混合变压器集群互联的交直流配电网系统结构。

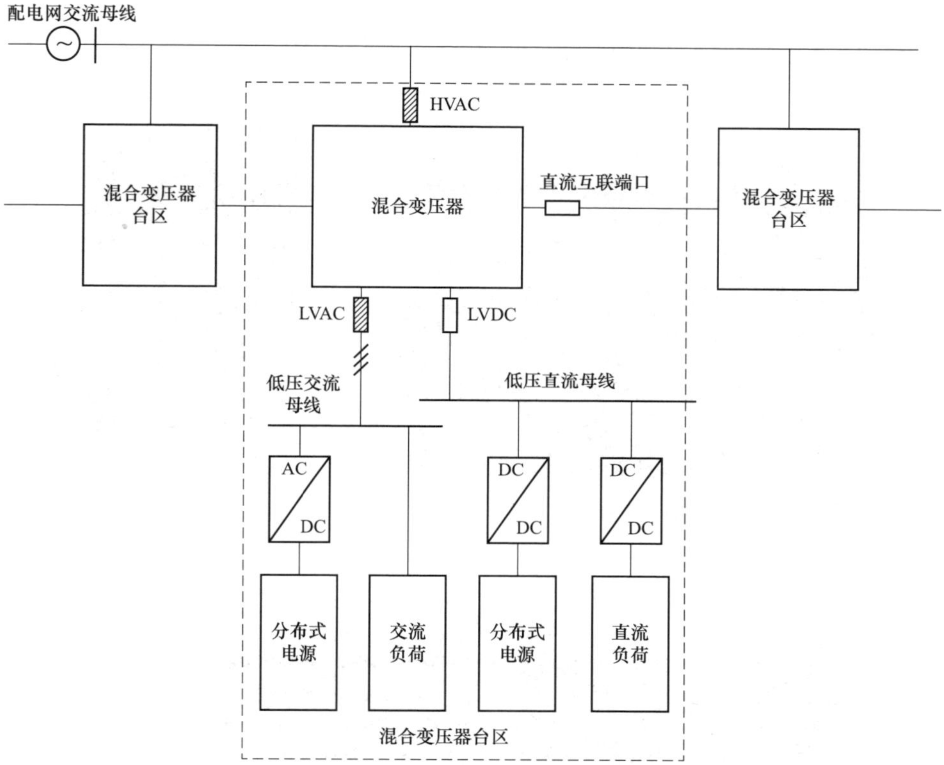

图 2-30 混合变压器集群互联的交直流配电网系统结构

由东南大学研制的混合变压器示范样机现场如图 2-31 所示，样机整体为箱式结构，电力电子补偿装置整合在低压滤波补偿柜和动态调压柜中。样机已在溧阳成功投运，作为常州首台示范应用的新型混合变压器，具备隔离故障和调控电能质量的能力，可以治理溧阳制茶生产中存在的季节性三相不平衡和低电压问题，保障制茶生产的高可靠性供电。

示范工程于 2022 年 11 月 24 日竣工，作为江苏省首个“茶光互补”源荷储光协同项目，得到了多家媒体的关注和报道。2023 年 4 月，项目智能配电变压器台区支撑茶场度过炒茶季，数据显示台区累计优化调控 12 次，配电变压器最大负载率由 2022 年的 111.7%下降至 65%，最小负载率由 2022 年的 15%上升至 25%，有效平抑了季节性负荷峰谷差。

该混合变压器在镇江产品质量监督检验中心和上海电器设备检测所进行了第三方试验测试，试验波形图如图 2-32 所示。试验结果表明，混合变压器样机运行正常，输出波形符合国家电能质量相关标准和要求。

(b) 设备外观　　　　(b) 设备内部

图 2-31　示范样机现场

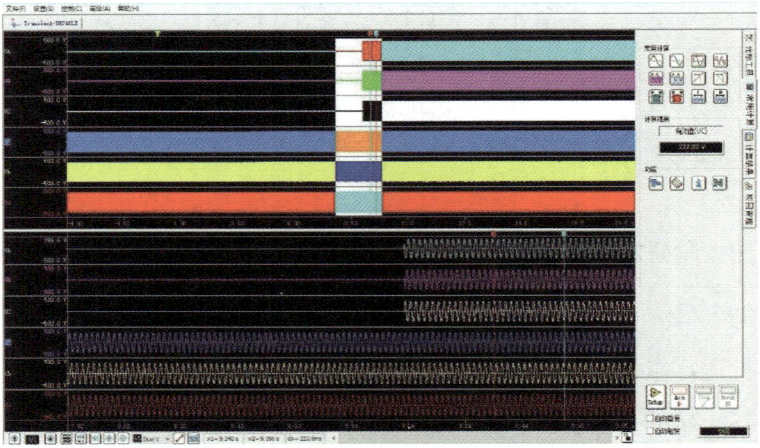

图 2-32　试验波形图

2.3　直流型柔性互联系统

两端口直流型柔性互联系统原理图如图 2-33 所示，两端口直流型柔性互联系统采用背靠背 AC/DC 变流器结构，由两个桥式电路共用直流母线组成，并且变流器直流电容两侧完全对称，所以仅从变流器的一侧对其工作原理进行分析即可。

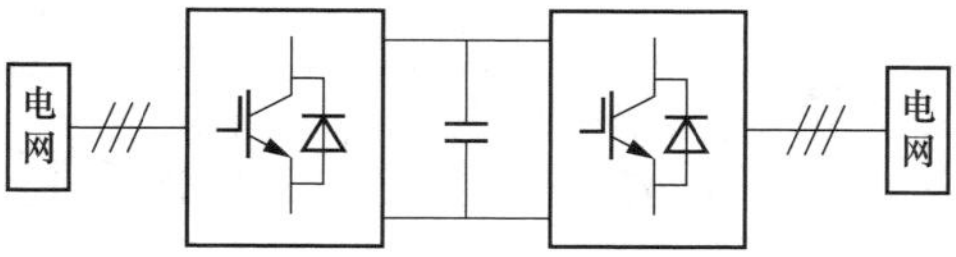

图 2-33　两端口直流型柔性互联系统原理图

随着电力电子技术的不断发展，以及功率开关器件性能的提高，AC/DC 变流器的拓扑结构也不断有所改进。AC/DC 变流器的发展已经有了多种不同的类型，一般可以采取以下方式进行简单的分类。

（1）按照直流储能方式分类：电压型和电流型。

（2）按照电网的相数分类：单相和三相。

（3）按照调制电平分类：两电平、三电平和多电平调制电路。

（4）按照开关脉冲宽度调制（pulse width modulation，PWM）分类：硬开关调制和软开关调制。

虽然分类方式很多，但是从控制来看，主要以电压型和电流型分类为主，并且电压型变流器的研究较多，下面就对电压型变流器的一些常见的拓扑结构进行介绍。

2.3.1　两电平变流器

1. 拓扑结构

工业生产中三相负载居多，对于变流器的研究主要以三相为主。三相电压型背靠背变流器的拓扑结构如图 2-34 所示，这是工业生产中使用最多的一种拓扑结构。

2. 控制策略

对于背靠背变流器采取两侧独立控制，最后通过有功功率反馈补偿实现整体控制。根据三相背靠背变流器的工作原理和数学模型，分别从对变流器的整流部分和逆变部分控制方法进行介绍。整流器控制方式为电网电压定向的矢量控制和准比例谐振控制，逆变器控制方式为旋转坐标系下的 PI 控制。

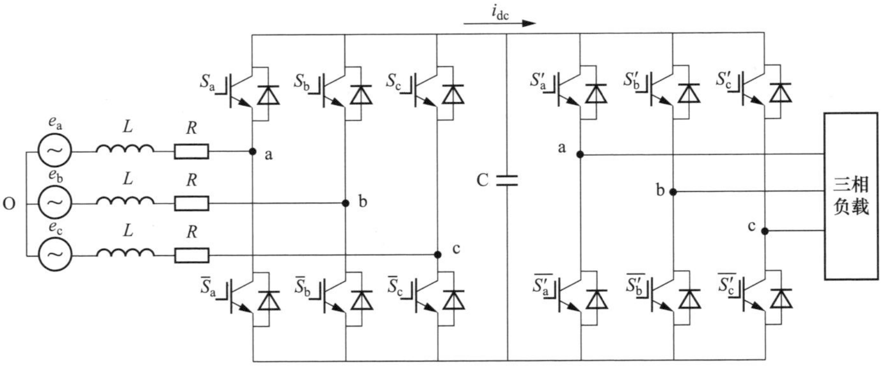

图 2-34　三相电压型背靠背变流器拓扑结构

（1）电网电压矢量定向的 PWM 整流算法。电网电压矢量定向的 PWM 整流算法通过坐标变换及前馈解耦，实现了对 d 轴和 q 轴电流分量的独立控制。根据 PWM 整流器在旋转坐标系下的数学模型可知，d、q 轴变量间存在相互耦合。因此，为了控制器设计方便采用前馈解耦，实现 d、q 轴之间分量的相互独立。若 dq 坐标系以电网电压矢量 E 同步旋转，且在旋转过程中有功分量 d 轴与电网电压矢量 E 重合，则称 dq 坐标系为基于电网电压矢量定向的同步旋转坐标系。基于电网电压矢量定向的变流器电流空间矢量图如图 2-35 所示。

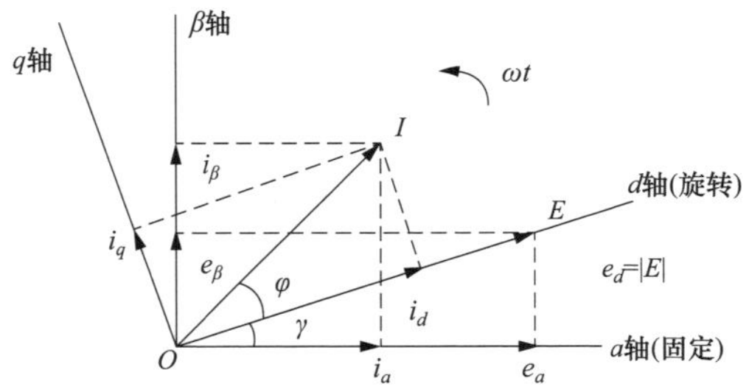

图 2-35　基于电网电压矢量定向的变流器电流空间矢量图

该方法是三相 PWM 整流技术和逆变技术中比较常用的一种算法，主要优点是原理清晰、控制器设计简单、成本较低。但是不足之处在于坐标变换计算量大，而且在解耦时要根据电感量进行计算，因为电感是一个非线性元件，所以计算的准确性难以保障。这样造成控制系统性能对电感参数变化敏感，抗干扰能力和动态性能不足，直接影响变流器的工作性能。

（2）准比例谐振控制。通过上面的分析可知，电网电压定向矢量控制虽然可以实现对 PWM 整流的控制，但是仍然存在很多缺点，会对变流器的工作性能产生不利影响。在交流信号的控制中准比例谐振控制又称准 PR 控制（proportional resonant，PR）。准比例谐振控制是在比例谐振控制的基础上发展而来的。在变流器中可以采用三个准 PR 控制实现对每相的直接控制，也可以通过坐标变换将三相静止坐标系中的三相交流参变量转换到两相静止坐标系 $\alpha\beta$ 上的两相交流变量，分别采用两个准 PR 调节实现交流量的无静差控制，由于准 PR 控制能够在指定频率点提供较大增益，可以只对指定频率进行控制，具有一定的抗干扰能力并且谐波电流污染较小，使得变流器系统更加稳定。

准 PR 是由比例及谐振环节组成的，能够对正弦量进行无静差控制，理想的 PR 控制器的传递函数为

$$G_{PR}(s)=K_P+\frac{2K_R s}{s^2+\omega_0^2} \tag{2-33}$$

式中：K_P 代表比例增益；K_R 代表谐振增益；ω_0 是谐振角频率。

在 PR 控制中积分部分 $2K_R s/(s^2+\omega_0^2)$，是一个二阶积分器，在某个频率点（电网频率 $\omega_0=314$）达到无穷大的增益，这个频率就叫谐振频率，在这个频率点之外，幅值几乎都是衰减的。在不同参数下谐振频率处的增益无穷大，但是在其以外增益迅速衰减、频带宽度很窄。在电网频率发生偏移时增益会急剧下降，控制器对频率变化过于敏感，故对系统的稳定性造成影响。因此为了使频带宽度增加，在 PR 控制的基础上，提出了准 PR 控制既能保持 PR 控制器高增益的优点，又增大了频带宽度，减小了电网频率偏移给控制器带来的影响。

准 PR 控制器的传递函数为

$$G'_{PR}(s)=K_P+\frac{2K_R\omega_c s}{s^2+2\omega_c s+\omega_0^2} \tag{2-34}$$

式中：ω_c 为截止频率。

相比于 PR 控制器，采用准 PR 控制器，可以在保证基波频率处增益很大的同时，使得控制器的频带宽度明显增大，因此使控制系统的稳定裕度和暂态性能得以提升。

对于准 PR 控制器设计中控制参数的确定，可以从以下几点出发：

（1）根据截止频率带宽需要选择合适的 ω_c。

（2）根据峰值增益需要选择 K_R。

（3）根据比例增益需要选择 K_P。

通过对控制参数进行整定，将系统的稳态性能和抗干扰性能最优化，使得控制器的工作效果最佳。上面对准 PR 控制的 PWM 整流进行了分析，通过分析可知，采用准 PR 控制可以实现对变流器的控制，并且减少了解耦运算和部分坐标变换，而且控制器设计原理清晰、更加简单。

三相逆变器在旋转坐标系下的 PI 控制是指电流电压双闭环控制，其基本原理与 PWM 整流器基于电网电压定向矢量控制类似，是通过坐标变换将三相交流量变换到两相旋转坐标系 dq 上，将三相交流量变成两相直流量，使用 PI 控制实现无静差跟踪。具体的理论推导与前述的 PWM 整流器的电网电压定向矢量控制相同，在此不再详述。

2.3.2　三电平变流器

1. 拓扑结构

两电平变流器在电压较高时对于单个功率开关管的耐压值要求比较高，这使得成本增大。此外，两电平在开关频率比较低的时候容易产生谐波，在一些场合的应用中受到限制。因此，在以上拓扑结构的基础上，提出了三电平调制及多电平调制的变流器拓扑结构。三相三电平背靠背变流器拓扑采用多个功率开关器件串联方式，使单个器件上的电压值下降，同时通过二极管配合功率开关管获得三电平调制。三电平调制不仅提升了变流器耐压值，而且有效地降低了谐波电流污染，改善变流器性能。但是三电平结构中需要较多数量的功率开关管，从控制上也比较复杂，因此其主要应用于高压直流输电、背靠背变电等高压场合。

常见的几种三电平结构包括级联型 H 桥、中点箝位型、飞跨电容型。常用三电平变流器拓扑结构图如图 2-36 所示。

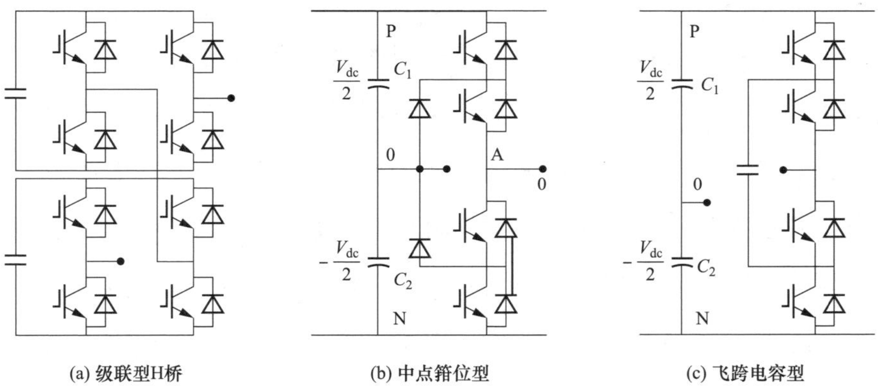

图 2-36　常用三电平变流器拓扑结构图

级联型 H 桥（cascaded H-bridge，CHB）三电平变流器的拓扑结构如图 2-36 (a) 所示，是被最早提出的一种多电平拓扑结构。级联型多电平拓扑是将许多单相电压型全桥逆变单元（H 桥单元）相串联，得到多电平的输出，每个 H 桥单元都有自己的直流源，单元化的结构使得级联型三电平拓扑的安装维护都更为简便，大大提高了系统的可靠性，而且不会出现直流中点不平衡。但是由于各级联单元都需要独立的直流源供电，该拓扑的体积和成本都大大增加；另外级联型多电平拓扑结构没有公共的直流母线，无法直接用于背靠背结构，因此不适用于需要四象限工作的风电变流器工作场所。

中点箝位型（neutral-point-clamped，NPC）三电平变流器输出多电平的原理是通过二极管或绝缘栅双极晶体管（insulate-gate bipolar transistor，IGBT）等箝位器件为变流器的相电压提供更多的电平数，如图 2-36（b）所示，此种拓扑结构又称作 I 型 NPC 三电平。此种拓扑结构的变流器在每个时刻都至少会有两个 IGBT 保持关断状态，因此每个开关管在任意时刻最多只需要承受一半的直流电压。中点箝位型三电平变流器有拓扑结构和控制简单、输出谐波性能好等优点，因此得到了广泛的应用，但是此种拓扑结构也存在缺点，中间两个开关管在两个输出电平状态下都会导通，而外侧两个开关管只会在一个输出电平状态下导通，因此会导致内外开关管存在损耗不均、发热不同的问题，此外还会出现直流侧电容电压不平衡的问题等。

另外，随着变流器技术的不断发展，NPC 型变流器还衍生出了 T 型 NPC 和有源中点箝位型（active neutral-point-clamped，ANPC）变流器拓扑结构，有源 ANPC 变流器是将二极管箝位型拓扑的箝位二极管用全控型开关器件代替，从而提供了可控的环流通路，增加了控制的自由度，能够实现开关管损耗均匀，但是硬件成本和控制难度都相应有所提升；T 型 NPC 功率器件最少，硬件成本最低，不过功率器件的耐压等级只有 I 型 NPC 的一半，不适用于电压等级较高的场所，因此在实际风电变流器应用中，二极管箝位型 NPC 是最为广泛的选择。

飞跨电容型拓扑出现的时期稍晚，飞跨电容型三电平变流器拓扑的结构和中点箝位型拓扑基本相同，不过飞跨电容型的 0 电平输出的箝位方式是通过跨接在两个开关管两端的箝位电容实现的，其拓扑结构如图 2-36（c）所示。此种三电平拓扑的主要优点为能够自然限制电压应力，箝位电容代替了箝位二极管，避免出现二极管的耐压值不均衡的现象。不过飞跨电容型三电平变流器拓扑每相都需要增加箝位电容，而电容的体积大、成本高且可靠性难以保证，此外箝位电容的参数需要复杂的计算选择，以实现均衡的电压控制。

2. 调制策略

三电平变流器的应用中，调制策略以控制每相开关器件的导通关断时间实现能量转换的目的，调制策略的优劣直接影响到三电平变流器的工作效率、谐波性能、损耗发热等多项工作性能。目前有多种能够适用于三电平变流器的 PWM 调制策略，按照脉冲的产生方式，可以将调制算法分为两大类：基于载波的脉宽调制方法和空间矢量脉宽调制（space vector pulse width modulation，

SVPWM）方法两种。

基于载波的脉宽调制方法：其三电平开关管 PWM 脉冲的产生是通过高频载波信号和调制波信号相互比较得到的。基于载波的调制方式有原理和实现方式简单、动态性能好、占用计算资源少等优点。不同于两电平逆变器的载波调制只需要一个载波就可以产生开关管的脉冲信号，三电平变流器的每相可以输出三个电平，因此调制波信号必须有两组。而根据两组载波的相位关系和在空间中的排布顺序，可以将载波调制策略分为载波移相和载波层叠两种。载波移相法，即采用幅值相同但是有一定角度的相位偏差的两组载波信号，以产生 PWM 脉冲，级联型多电平拓扑的调制方式多采用此类策略；载波层叠法有同相载波和反相载波两种排布方式，其中同相载波层叠法能够实现更高质量的输出电压，也是最为常用的载波调制方式。基于载波的调制直流电压利用率偏低，一般会通过零序注入的方法将直流母线利用率提高到和 SVPWM 相同的水平。

空间矢量脉宽调制法：空间矢量调制基于矢量合成的思想，经过矢量选取、时间计算、脉冲排布等步骤在每个载波周期内用基本矢量合成得到参考矢量。

三电平变流器的 PWM 脉冲序列往往都会采用对称式的七段脉冲，以拥有更为优良的谐波性能。SVPWM 调制方式的实现步骤较为烦琐，需要复杂的矢量作用时间计算，但是其物理意义非常清晰，例如在分析三电平变流器的零序环流或中点时，能够直观地分析每个矢量对零序环流及中点电位变化的影响，有利于调制策略的优化。

调制过程中三电平变流器开关器件的导通和关断都会产生开关损耗，在大功率变流器中，高压开关器件相较于低压开关器件的一个明显特点就是开关损耗远大于导通损耗，因此研究降低开关损耗的调制策略有助于系统效率的提高。较为简单的减小开关损耗的方式是采用更低频率的载波，但是这种方法必然会导致输入电流谐波性能的降低，尤其对于网侧变流器，谐波含量过高可能导致无法满足并网标准。因此国内外学者对减小开关损耗的调制策略做出了大量的研究。

断续脉宽调制（discontinuous pulse-width modulation，DPWM）策略在每

个开关周期内只使用一对冗余小矢量的其中一个，而使得三相变流器的某相开关器件不产生开通关断动作，即不产生开关损耗。此种调制方式在每个开关周期都有某一相不发生电平输出状态的变化，即每相开关器件都会在约 1/3 的基波周期时间内不动作，所以平均可以降低约 1/3 的开关损耗。断续脉宽调制的脉冲开关序列可以通过基于载波的思想和基于空间矢量的思想实现，目前有多种适用于三电平变流器调制的 DPWM 方法，如 DPWM0、DPWM1、DPWM2、DPWM3 等，但文献大多仅介绍 DPWM 策略实现的原理和开关序列，对各 DPWM 调制策略调制性能的相互比较和分析不够全面，另外三电平变流器采用 DPWM 调制策略时的中点平衡控制也是其中一个应用难点。

2.3.3 模块化多电平变流器

1. 拓扑结构

模块化多电平变流器作为 MMC 型能量路由器的输入级，其输出特性决定了整个能量路由器的运行稳定性，项目采用的模块化多电平电力电子变压器的输入级为双星形半桥式 MMC 结构，模块化多电平变流器的拓扑图如图 2-37 所示。其中，L_s、R_s 为交流侧阻抗，Ns 为交流侧中性电位参考点，O 为公共直流侧中性电位参考点。该拓扑为三相对称结构，每相由上、下两个桥臂构成，并联在公共直流母线上，其中每个桥臂均由 N 个功率单元子模块及一个桥臂电抗器 L_{arm} 串接而成；功率单元子模块由两个带反并联二极管的 IGBT 串联后，再与直流电容并联组成。该拓扑兼具箝位型多电平变流器和级联 H 桥型多电平变流器的优点，一方面，半桥式的功率单元子模块大大减少了功率开关器件的运用，且将公共直流侧的电容分散到每个子模块中，减小了设备体积和成本，同时使子模块均压更易实现；另一方面，公共直流母线的存在使背靠背连接成为可能，适用于高压直流输电系统。桥臂电抗器的存在可以很大程度抑制各相电压不均造成的环流，增强系统稳定性。另外，针对不同的电压、功率场合，通过调整子模块功率单元的数目即可实现，具有很强的扩展性和适应能力。

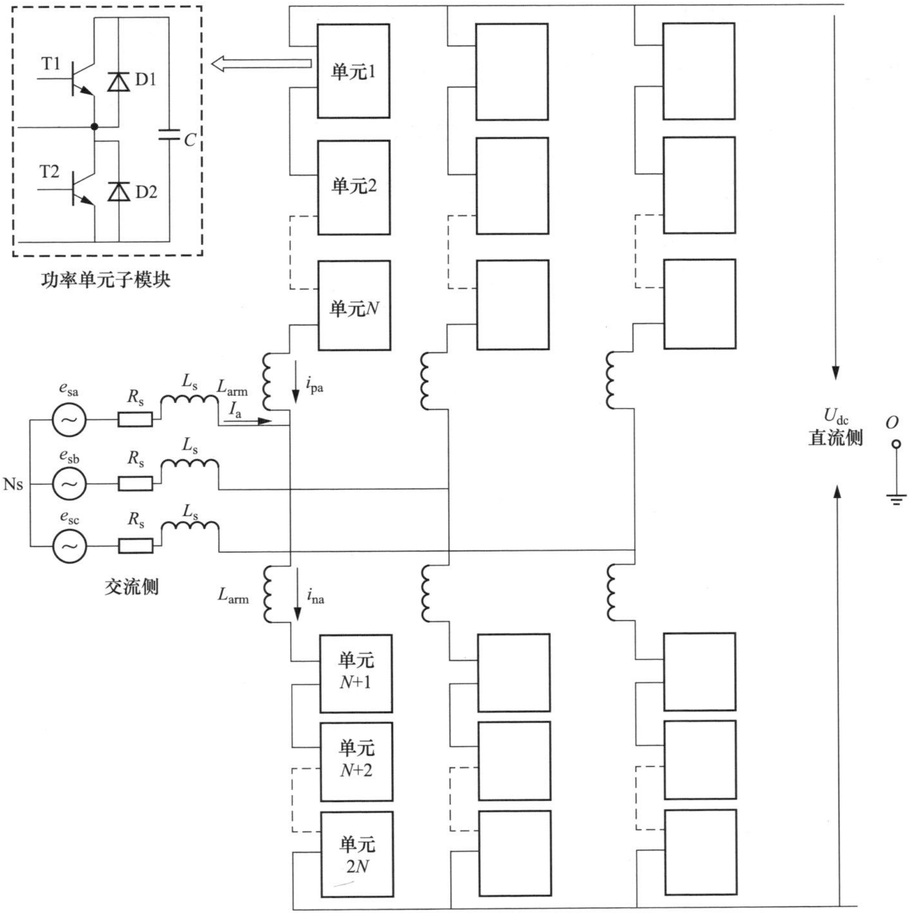

图 2-37 模块化多电平变流器拓扑图

MMC 的子模块功率单元是典型的两端口元件，MMC 子模块功率单元拓扑图如图 2-38 所示。T1、T2 为两个带反并联二极管 D1、D2 的 IGBT，C 为直流电容，u_c 为子模块直流电容电压，u_{jk}（相数 j＝a，b，c；模块编号 k＝1，2，…，2N）为子模块输出电压，i_{jk} 为子模块输入电流，记电流从 A 端流入、B 端流出为电流正方向，即 $i_{jk}>0$。在实际工作过程中，通过控制 T1、T2 的开断，

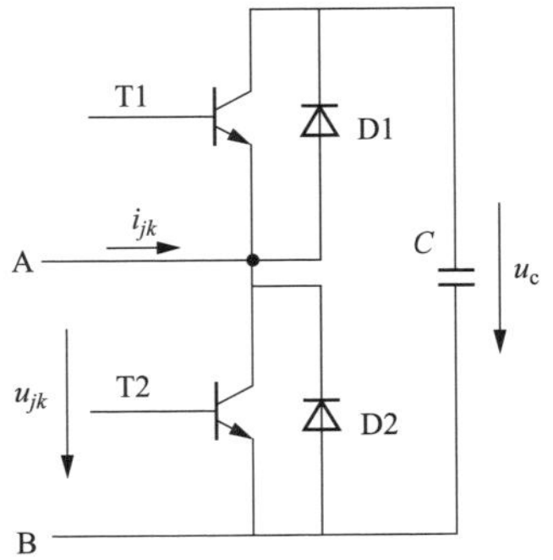

图 2-38 MMC 子模块功率单元拓扑图

可以使交流输出端口电压在 0、u_c 两个电平之间切换，通过合理的控制策略可以调节子模块吸收或发出的有功、无功功率，无需额外的直流电源供电。

由于 MMC 系统具有高度对称性，在建立主电路模型时只需考虑对 j 相建模，三相情形可依此类推。为简化分析，忽略交流侧电阻 R_s（一般交流侧阻抗远小于交流侧感抗），得到 j 相等效电路，MMC 的 j 相等效电路图如图 2-39 所示。

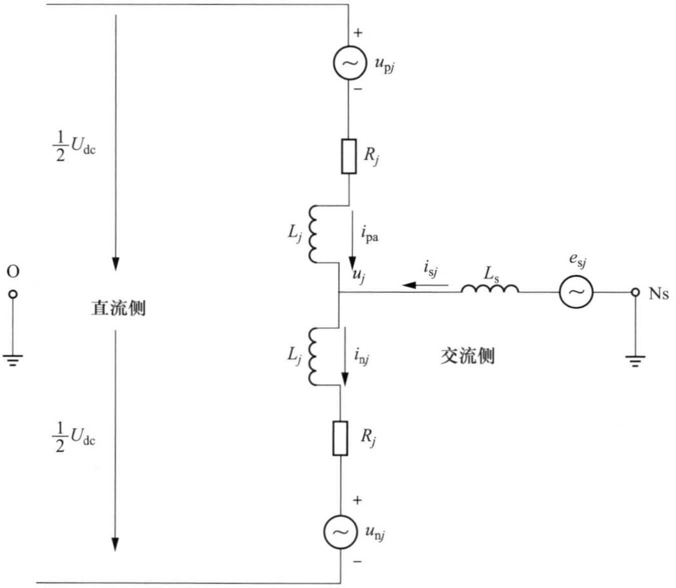

图 2-39　MMC 的 j 相等效电路图

根据基尔霍夫电压定律可得，j 相上桥臂电压 u_{pj} 与下桥臂电压 u_{nj} 应满足

$$\begin{cases} u_{pj} = \dfrac{U_{dc}}{2} - u_{jO} - R_j i_{pj} - L_j \dfrac{di_{pj}}{dt} \\ u_{nj} = \dfrac{U_{dc}}{2} + u_{jO} - R_j i_{nj} - L_j \dfrac{di_{nj}}{dt} \end{cases} \tag{2-35}$$

根据式（2-35）可得，j 相交流输出端相对直流中性点 O 电压 u_{jo} 满足

$$u_{jO} = \frac{u_{nj} - u_{pj}}{2} + \frac{1}{2}\left(R_j i_{sj} + L_j \frac{di_{sj}}{dt}\right) \tag{2-36}$$

同样地，根据式（2-36）可知，直流侧满足

$$U_{dc}-(u_{pj}+u_{nj})=R_j(i_{pj}+i_{nj})+L_j\frac{d(i_{pj}+i_{nj})}{dt} \tag{2-37}$$

代入式（2-36），可以得到直流侧等效电路模型满足

$$U_{dc}-(u_{pj}+u_{nj})=2\left(R_j i_{Zj}+L_j\frac{di_{Zj}}{dt}\right) \tag{2-38}$$

根据式（2-36）、式（2-38），得到 MMC 的 j 相交流侧、直流侧等效电路，MMC 的 j 相等效电路模型如图 2-40 所示。

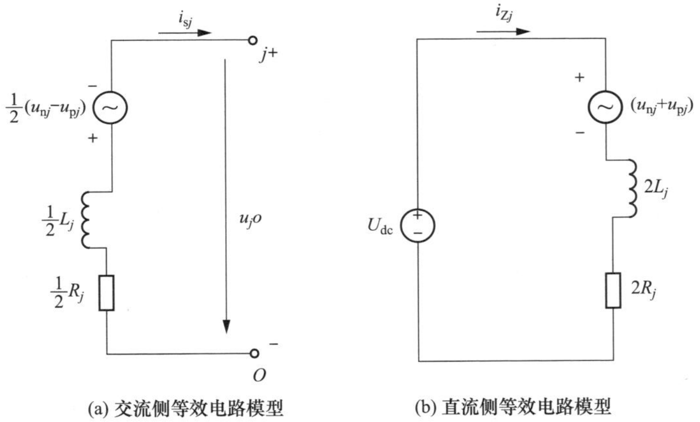

图 2-40　MMC 的 j 相等效电路模型

根据式（2-35）可知，上、下桥臂电压均包括交流分量和直流分量，其中直流分量相同，交流分量大小相同、相位相反。MMC 直流侧电压与上、下桥臂电压之和相关，交流侧电压与上、下桥臂电压之差相关，因此，通过一定的控制策略对上、下桥臂电压进行控制，就能得到所需要的直流和交流输出电压。同时，为了避免环流过大，应尽量保持上、下桥臂电压之和近似等于直流侧电压值。

2. 调制策略

自模块化多电平变流器的概念被提出以来，MMC 的调制策略就是国内外学者研究的热点，不同的调制策略对交流侧输出电压的波形和系统的开关损耗有很大影响。通常地，好的调制策略应当具备等效开关频率高、开关损耗低、响应速度快、输出谐波含量低等特点，传统的多电平变流器调制策略主要有空间

矢量调制、阶梯波调制、载波移相脉宽调制（carrier phase-shifted pulse width modulation，CPS-PWM）、最近电平逼近调制（nearest level modulation，NLM）等。但随着输出电平数增多，SVPWM 和阶梯波调制策略的算法复杂度和计算时间呈指数增加，不适用于高压大功率场合，下面将对 MMC 中常用的载波移相 PWM 调制策略和最近电平逼近调制策略展开对比分析。

CPS-PWM 最早是由日本学者赤木泰文运用到 MMC 拓扑中的，该调制方式具有功率器件开关损耗低、等效开关频率高、输出谐波含量低、容易扩展至电平数目较高的场合等优点。在 MMC 系统中，载波移相脉宽调制策略通常采用双极性正弦脉宽调制（sinusoidal pulse width modulation，SPWM），双极性 SPWM 调制原理图如图 2-41 所示。其中，$S(t)$ 为正弦调制波，$C(t)$ 为三角载波，记调制波频率为 f_s，三角载波频率为 f_c，定义调制比 M 为正弦调制波与三角载波幅值之比，任意时刻，将调制波与载波的幅值进行比较，若调制波幅值小于载波幅值，则输出低电平；反之输出高电平，输出的脉冲序列即为各功率器件的开关信号。

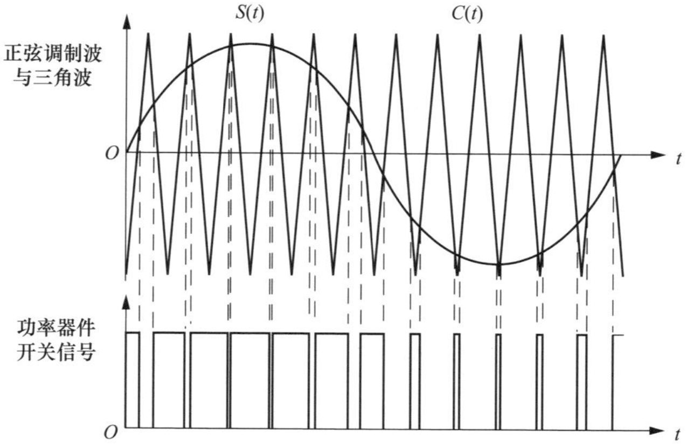

图 2-41　双极性 SPWM 调制原理图

MMC 系统具有高度的对称性，j 相下桥臂电压 u_{nj} 与交流输出端电压 u_{jO} 同向，而上桥臂电压 u_{pj} 则与 u_{jO} 反向，因此在 MMC 系统中可以采用幅值相等、相位互差 180°的信号分别作为上、下桥臂的调制波信号，该调制策略被称为双调制载波移相脉宽调制（dual modulation carrier phase-shifted pulse width modulation，DM-CPS-PWM）策略。

对于图 2-37 所示的 MMC 拓扑，当每相上、下桥臂子模块数目为 2 时，若输出电平数为 5，则 DM-CPS-PWM 调制策略的原理如图 2-42 所示。其中，$S_p(t)$ 为上桥臂的正弦调制波，$S_n(t)$ 为下桥臂的正弦调制波，$C_i(t)$（$i=1$，2，3，4）为对应四个子模块的三角载波。三角载波 $C_i(t)$ 的幅值相等、频率相同，但初始相位不同，若 $C_1(t)$ 初始相位为 0，则 $C_2(t)\sim C_4(t)$ 的初始相位分别为 π、π/2、3π/2。从图中可以看出，在一个载波周期内，各子模块内的功率器件动作两次，则 IGBT 的等效开关频率即为 $2f_c$，桥臂输出电压等效开关频率为 $4f_c$，系统输出侧等效开关频率也为 $4f_c$。

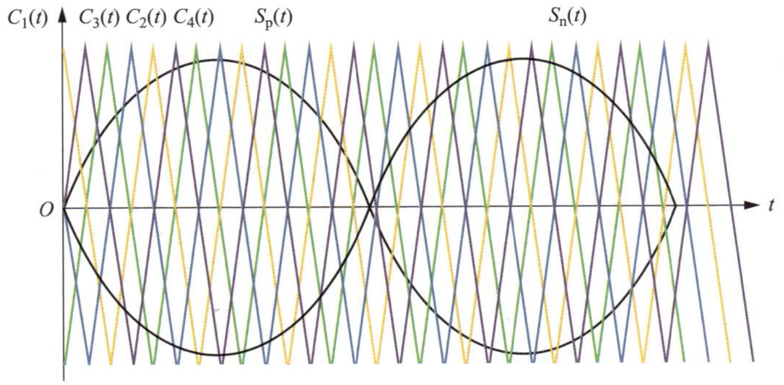

图 2-42　DM-CPS-PWM 调制原理

对于上、下桥臂各有 N 个子模块的 MMC 系统，随着模块数的增多，输出侧得到的波形越来越接近正弦，若输出电平数为 $N+1$，则输出侧的等效频率为 Nf_c；若输出电平数为 $2N+1$，则输出侧的等效频率为 $2Nf_c$，在子模块数较少时，可以采取输出电平数为 $2N+1$ 的移相方法，降低输出电压中的谐波含量。

模块化多电平变流器电流控制、环流抑制及电压平衡控制策略的最终目标是要维持系统稳定可靠工作，该目标的实现是基于模块化多电平变流器所有子模块中的功率器件均得到可靠的开断信号。PSC-PWM 调制策略中所有三角载波的幅值、初始相位均是给定的，因此，给每个功率器件输入系统所需的调制波信号至关重要。综合前文所述的子模块电压平衡控制器、电流控制器、负序二倍频环流抑制器，即可得到 MMC 系统的整体控制结构，将各控制器产生的电压量信号组合起来，即可得到各个功率器件所需的调制波信号。

MMC 系统整体控制结构如图 2-43 所示。在系统实际运行中，根据给定的有功功率 P^*、无功功率 Q^*、环流 i_{Zd}^* 和 i_{Zq}^*、子模块电容电压 u_{cj}^* 等电气参考量，将子模块电容电压和桥臂电流经子模块电压平衡控制器、环流抑制器产生的调制波修正量 V_{Aji}^*、V_{Zj}^*，与电流控制器（此处以采用功率外环的电流控制器为例）产生的调制波 V_{uj}^* 分别叠加，产生上、下桥臂各子模块的调制波 V_{pji}^*、V_{nji}^*，再通过载波移相调制策略，得到各子模块中功率器件的触发脉冲。

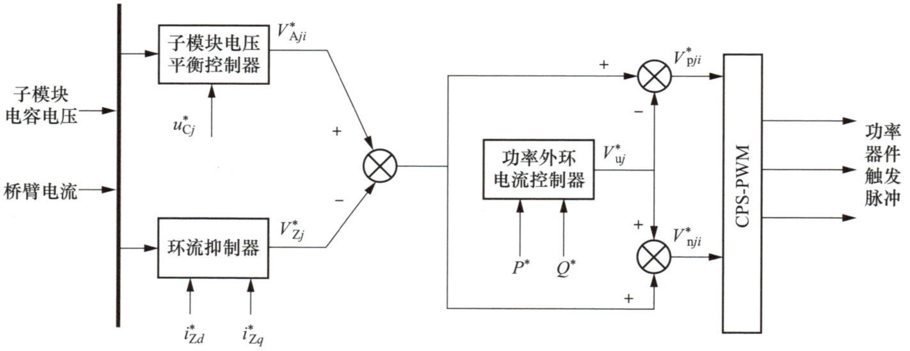

图 2-43　MMC 系统整体控制结构

结合前文分析，可得到上、下桥臂各子模块的调制波 V_{pji}^*、V_{nji}^* 分别为

$$\begin{cases} V_{pji}^* = V_{Aji}^* - V_{Zj}^* - V_{uj}^* \\ V_{nji}^* = V_{Aji}^* - V_{Zj}^* + V_{uj}^* \end{cases} \tag{2-39}$$

实际调制过程中，需用子模块电容电压 u_{cj}^* 将各子模块的调制波 V_{pji}^*、V_{nji}^* 进行“归一化”处理，使调制波的幅值为（−1，1）。

2.4　混合型柔性互联系统

能量路由器作为能源互联网的关键技术，与电能的高效灵活变换和可再生能源的消耗息息相关。因此，能量路由器的运行控制与电路拓扑具有巨大的研究价值与应用远景。以能量路由器为核心的混合型柔性互联系统应具备以下特点：一是能够实现电压的变换和能量的双向流动；二是能够对各端口的电压电流进行实时控制，实现能量管理、潮流调度等电网需求；三是有良好的动态特性，能够应对短路等电力系统故障；四是能够实现对电网数据的采集，为更大范围内能源互联网的运行策略提供大数据依据。

能量路由器的本质为多级电力电子变换装置，电路拓扑方面应有较强的扩展能力与兼容性；在控制策略方面，应有更大的灵活度与柔韧性，并且有更好的稳定控制能力。能量路由器使用较多的控制策略有电压电流双闭环控制、下垂控制、PQ 控制等。电力电子接口的传统控制方法响应速度快，控制方式灵活，但是几乎没有转动惯量，难以参与电网调节，无法为含分布式电源的配电网提供必要的电压和频率支撑，更无法为稳定性相对较差的微电网提供必要的阻尼作用。同步发电机具有维持功率平衡和调频调压的特性，转动惯量大，阻尼大，电网发生故障时能短时稳定运行，改善电力系统的稳定性。如果能量路由器能够模仿同步发电机的这些特性，那么必将大幅度提升电能统一管理的性能，这类技术统称为虚拟同步机（virtual synchronous machine，VSM）技术或构网型控制技术。

2.4.1 输入级的建模及控制

关于中压配电网电力电子变压器的具体电路拓扑，现有文献中的方案大多采用输入串联、输出并联（input series output parallel，ISOP）型的隔离型 DC/DC 变流器，而高压侧 AC/DC 变流器的拓扑一般可以分为两种：

（1）拓扑 1：高压 AC/DC 变流器采用 CHB 的电力电子变压器电路拓扑。

（2）拓扑 2：高压 AC/DC 变流器采用 MMC 的电力电子变压器电路拓扑。

对于中压配电网三相电力电子变压器来说，在同样的功率等级、同样的电力电子开关器件耐压水平下，拓扑 2 比拓扑 1 需要更少的开关器件和高频变压器，具有更好的功率密度优势。上述两种类型的电力电子变压器在接入中压电网时，主要采用变流器级联的结构来承受高电压。实际应用中开关器件为规模化商用产品，耐压一般不高于 4.5kV，电力电子变压器所需开关器件的数量较多。也有案例中的电力电子变压器采用 10kV 或更高耐压的宽禁带半导体开关器件，如碳化硅（SiC）器件，此时用三电平电路拓扑即可实现电力电子变压器的高压侧 AC/DC 变流器，可以显著减少开关器件数量。但是，目前 10kV 以上的 SiC 等宽禁带半导体开关器件仍处于实验室研究阶段，且价格高昂，规模化应用尚不成熟。

关于三相级联型并网逆变器数学模型及控制，以下做出详细介绍。

三相级联型并网变流器如图 2-44 所示，参照单相级联变流器的开关建模，三相级联型并网变流器每个 H 桥单元的开关状态表示为

$$S_{xi}=S_{xi}^{1}-S_{xi}^{3} \tag{2-40}$$

式中：x 表示相别 A、B、C 或 AB、BC、CA；i 表示单元编号 1～n。

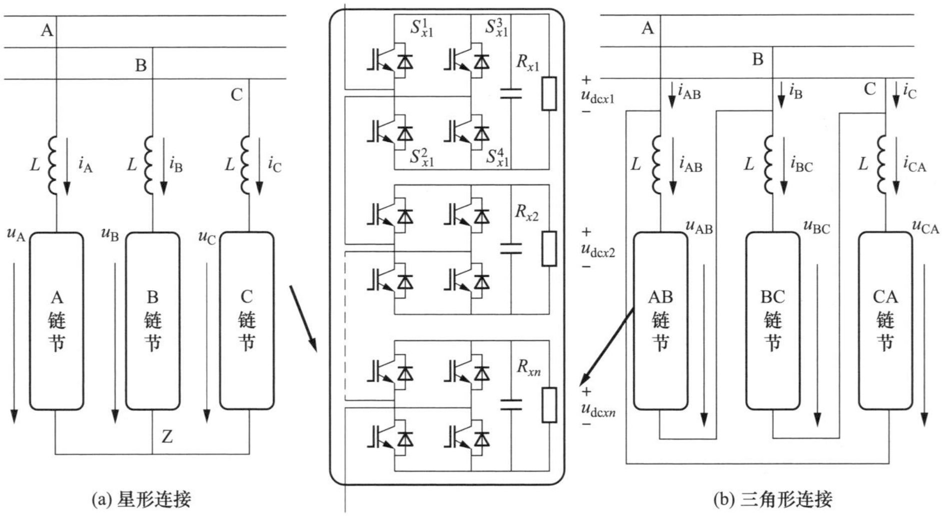

图 2-44　三相级联型并网变流器

假设三相电网严格对称，即 $e_A+e_B+e_C=0$。根据基尔霍夫电压定律建立了三相星形系统侧的状态方程

$$L\frac{\mathrm{d}i_x}{\mathrm{d}t}=e_x-u_{zo}-u_x \tag{2-41}$$

其中

$$u_x=\sum_{i=1}^{n}S_{xi}u_{\mathrm{dc}xi} \tag{2-42}$$

$$u_{zo}=-\sum_{x=\mathrm{A,B,C}}\sum_{i=1}^{n}S_{xi}u_{\mathrm{dc}xi} \tag{2-43}$$

根据基尔霍夫电流定律得到三相星形级联变流器的直流侧状态方程

$$C\frac{\mathrm{d}u_{\mathrm{dc}xi}}{\mathrm{d}t}=S_{xi}u_{\mathrm{dc}xi}-\frac{u_{\mathrm{dc}xi}}{R_{xi}} \tag{2-44}$$

利用平均值运算将一个开关周期内的占空比定义为

$$d_{xi}=\langle S_{xi}\rangle_{T_\mathrm{s}}=\frac{1}{T}\int_{t}^{t+T_\mathrm{s}}S_{xi}(t)\mathrm{d}t \tag{2-45}$$

进而，将式（2-45）代入式（2-41）和式（2-44），可以得到三相星形级联型变流器在 abc 坐标系下的平均数学模型，三相星形级联型变流器的等效模型如图 2-45 所示。

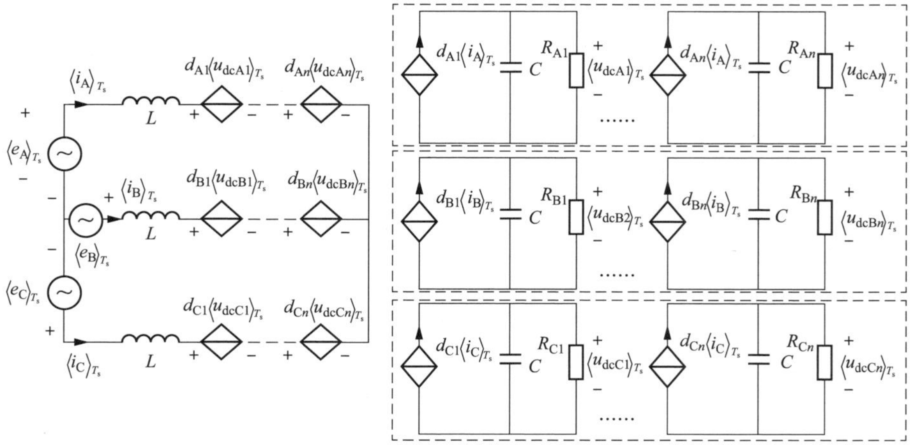

图 2-45　三相星形级联型变流器的等效模型

考虑稳态情况下各直流侧电压相等，因此令

$$\langle u_{\mathrm{dc}}\rangle_{T_\mathrm{s}}=\langle u_{\mathrm{dc}xi}\rangle_{T_\mathrm{s}} \tag{2-46}$$

$$d_x = \sum_{i=1}^{n} d_{xi} \tag{2-47}$$

交流侧的数学模型简化为

$$L\frac{\mathrm{d}\langle i_x\rangle_{T_s}}{\mathrm{d}t} = \langle e_x\rangle_{T_s} - \langle u_{dc}\rangle_{T_s} d_x - \langle u_{zo}\rangle_{T_s} \tag{2-48}$$

直流侧的数学模型简化为

$$3nC\frac{\mathrm{d}\langle u_{dc}\rangle_{T_s}}{\mathrm{d}t} = \sum_{x=A,B,C}(\mathrm{d}_x\langle i_x\rangle_{T_s}) - \langle u_{dc}\rangle_{T_s}\sum_{x=A,B,C}\sum_{i=1}^{n}\frac{1}{R_{xi}} \tag{2-49}$$

三相星形级联型变流器的简化模型如图 2-46 所示。

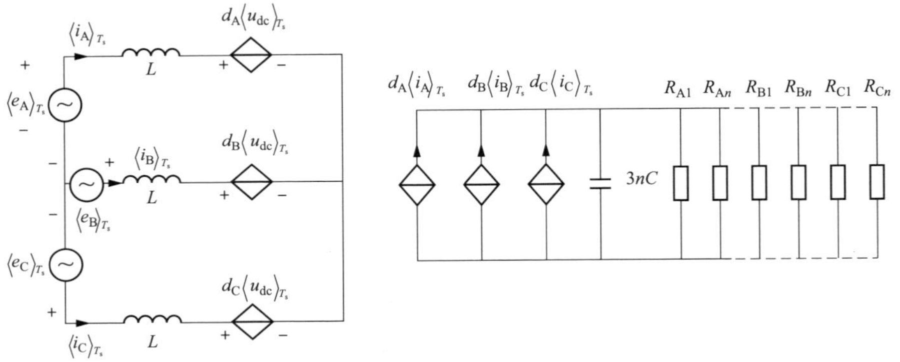

图 2-46　三相星形级联型变流器的简化模型

为了便于控制器设计，将静止坐标系下的数学模型转换到同步旋转坐标系下进行解耦控制。考虑到三相星形系统中的零序电流为零，故而坐标变换时不需考虑零轴分量。在 dq 坐标系下，级联变流器的 d 轴和 q 轴变量相互耦合，不方便进行控制器设计，参考传统三相全桥整流器控制，引入 i_d、i_q 的前馈解耦控制，可以得到解耦后的控制方程

$$\begin{cases} L\dfrac{\mathrm{d}i_d}{\mathrm{d}t} = \left(K_P + \dfrac{K_I}{s}\right)(i_d^* - i_d) \\ L\dfrac{\mathrm{d}i_q}{\mathrm{d}t} = \left(K_P + \dfrac{K_I}{s}\right)(i_q^* - i_q) \end{cases} \tag{2-50}$$

三相星形级联型变流器在旋转坐标系下的等效模型如图 2-47 所示。

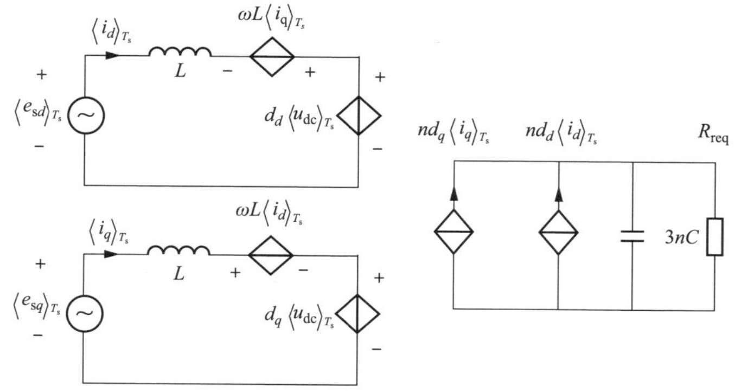

图 2-47　三相星形级联型变流器在旋转坐标系下的等效模型

式（2-50）中有功电流 i_d 和无功电流 i_q 已完全解耦，从而得到三相星形级联型变流器内环解耦控制框图，如图 2-48 所示。三角形级联型变流器加入零序电流控制后亦可实现解耦控制，这里不再详述。

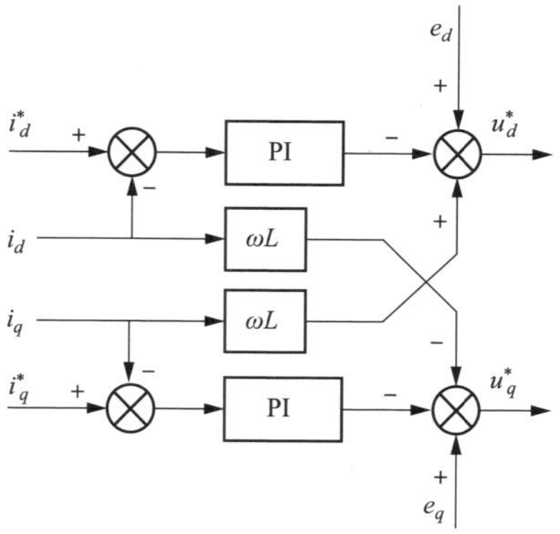

图 2-48　三相星形级联型变流器内环解耦控制框图

关于模块化多电平变流器的建模及控制，参考 2.3.3 节内容，在此不再详述。

2.4.2　中间级的建模与控制

1. 单移相控制下的双有源桥分析

双有源桥（dual active bridge，DAB）电路拓扑如图 2-49 所示，DAB 模块的左侧直流侧连接于能量路由器的输入级，右侧的直流输出与其他模块并联形成装置的输出。在 DAB 模块的工作过程中，两侧 H 桥的开关频率相同，对角开关管同时导通，一、二次侧绕组 H 桥的输出电压 u_p 和 u_s 为占空比 50%的方波电压。通过调节一、二次侧绕组方波之间的移相角，可以控制漏抗两端的电压大小和相位，从而控制 DAB 模块功率的大小及方向。U_{dc1} 和 U_{dc2} 为 DAB 变流器两侧直流侧电压，中频变压器变比为 $m:1$，变压器一次侧绕组的输入电流为 i_p，二次侧绕组的输出电流为 i_s。将中频变压器模型理想化，并考虑漏抗 L_k，

DAB 模块的简化等效模型如图 2-50 所示。

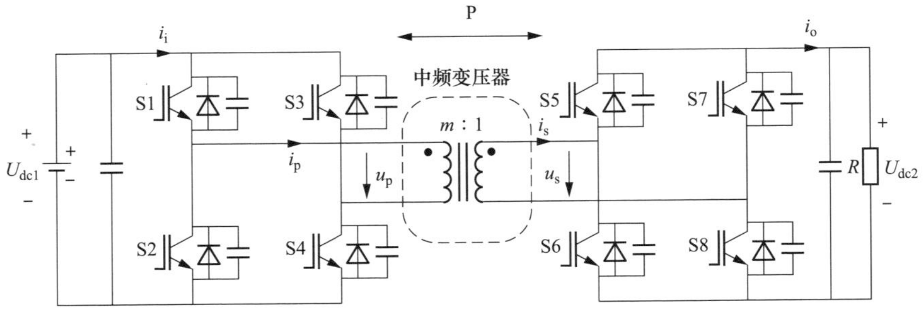

图 2-49　双有源桥电路拓扑图

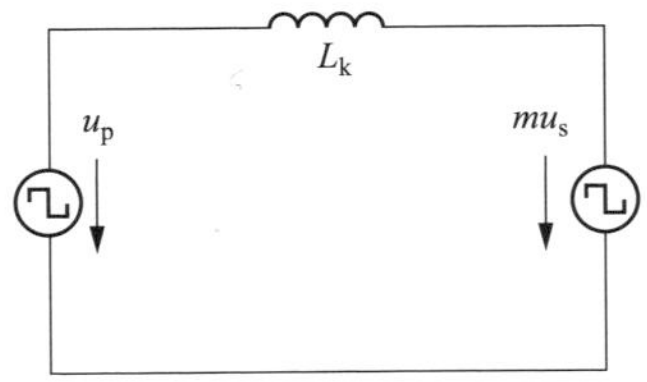

图 2-50　DAB 模块的简化等效模型

当 $U_{dc1}>U_{dc2}$ 时，DAB 移相控制工作原理波形如图 2-51 所示，本节以功率从一次侧绕组传输到二次侧绕组为例进行分析，即一次侧绕组电压 u_p 在相位上超前于 u_s。图 2-51 中 T_s 为半个开关周期，d 为半个开关周期内的移相比。单移相控制下电感电流具有对称性，可以得到如下关系式

$$t_1<t<t_3 \quad L_k\frac{I_1+I_2}{dT_s}=U_{ck1}+mU_{ck2} \tag{2-51}$$

$$t_3<t<t_4 \quad L_k\frac{I_2-I_1}{(1-d)T_s}=U_{ck1}-mU_{cc2} \tag{2-52}$$

根据式（2-51）和式（2-52）可推导出

$$\begin{cases} I_1=\dfrac{(2d-1)U_{ck1}+mU_{ck2}}{2L}T_s \\ I_2=\dfrac{U_{cc1}+m(2d-1)U_{cc2}}{2L}T_s \end{cases} \tag{2-53}$$

进一步，可以得到输入电流 i_i 和输出电流 i_o 的平均值为

$$\bar{i}_i=\frac{1}{T_s}\left[\frac{1}{2}(I_1+I_2)(1-d)T_s+\frac{1}{2}(I_1-I_2)dT_s\right]\frac{md(1-d)T_sU_{ck2}}{L_k} \tag{2-54}$$

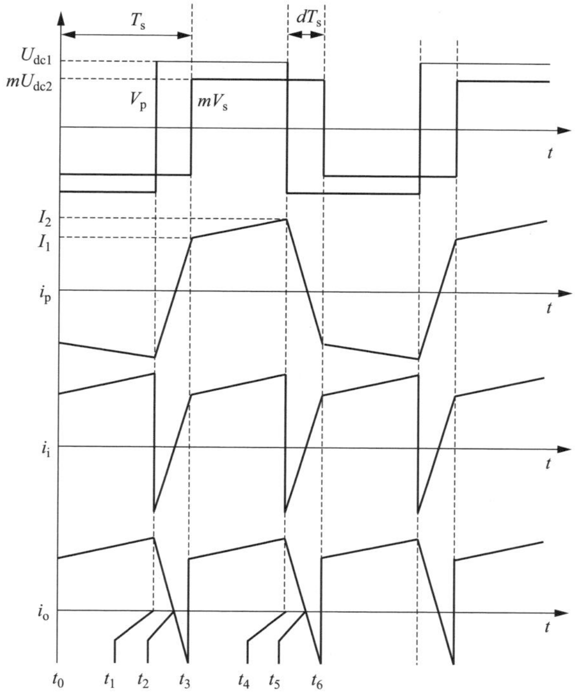

图 2-51　DAB 移相控制工作原理波形

$$\bar{i}_{\mathrm{o}}=\frac{m}{T_{\mathrm{s}}}\left[\frac{1}{2}(I_1+I_2)(1-d)T_{\mathrm{s}}+\frac{1}{2}(I_2-I_1)dT_{\mathrm{s}}\right]\frac{md(1-d)T_{\mathrm{s}}U_{\mathrm{ck1}}}{L_{\mathrm{k}}} \tag{2-55}$$

根据式（2-54）和（2-55）可以得到 DAB 平均模型，如图 2-52 所示。

根据式（2-54），DAB 的输入功率可表示为

$$P_{\mathrm{i}}=U_{\mathrm{dc1}}\bar{i}_{\mathrm{i}}=\frac{mU_{\mathrm{dc1}}U_{\mathrm{ck2}}T_{\mathrm{s}}}{L_{\mathrm{k}}}d(1-d) \tag{2-56}$$

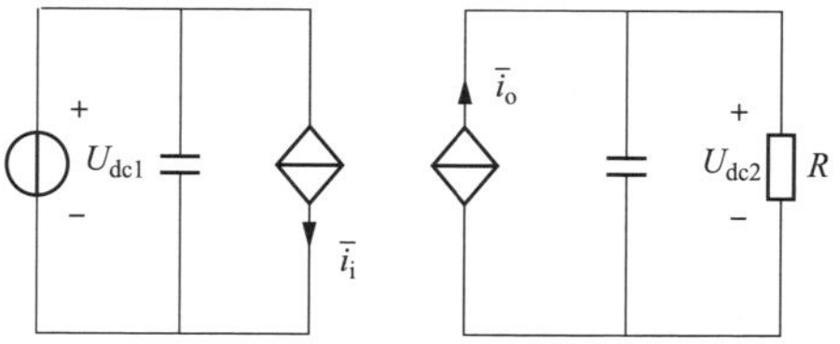

图 2-52　DAB 平均模型

从式（2-56）可以看出，$d=0.5$ 时正向传输功率达到最大值，考虑到功率的双向流动，移相比应将范围限定在 $d\in[-0.5,\ 0.5]$。

2. 多 DAB 模块输出并联控制

多 DAB 模块输出并联结构的拓扑图如图 2-53 所示，图中变量下标中的 x

表示相别（x=A，B，C）。当能量路由器前级采用直流侧电压平衡控制策略时，后级并联输出模块的各输入直流侧电压 U_{dcxn} 均由前级进行控制。后级的控制应基于如下两个目标进行设计：调节输出侧电压 U_{dc2}，保持多模块负载电流 I_{oxn} 的均衡。当各并联 DAB 模块参数一致时，不需要额外的均流控制，就能实现模块间的功率均衡。在实际应用中，由于各 DAB 模块在中频变压器变比 m_{xn}、漏感值及输入侧直流电压等方面会存在一定的偏差，而这些因素会导致功率分配不均衡，从而造成散热的不均衡、各模块寿命的不同，以及额定负载下部分模块的过电流问题。为了确保各模块的均流控制和输出直流电压的稳定控制，可采用直流输出级并联均流控制方法，如图 2-54 所示。该方法引入一个电压外环和 n 个电流内环。并联输出侧的实际值 U_{dc2} 与输出直流电压指令值 U_{dc}^{ref} 的差值经过 PI 调节后，得到各个 DAB 变流器输出电流的指令值 I_{ref}。由于各 DAB 模块的实际输出电流 I_{ox1}，I_{ox2}，…，I_{oxn} 中含有高频分量，使用低通滤波器滤除后得到

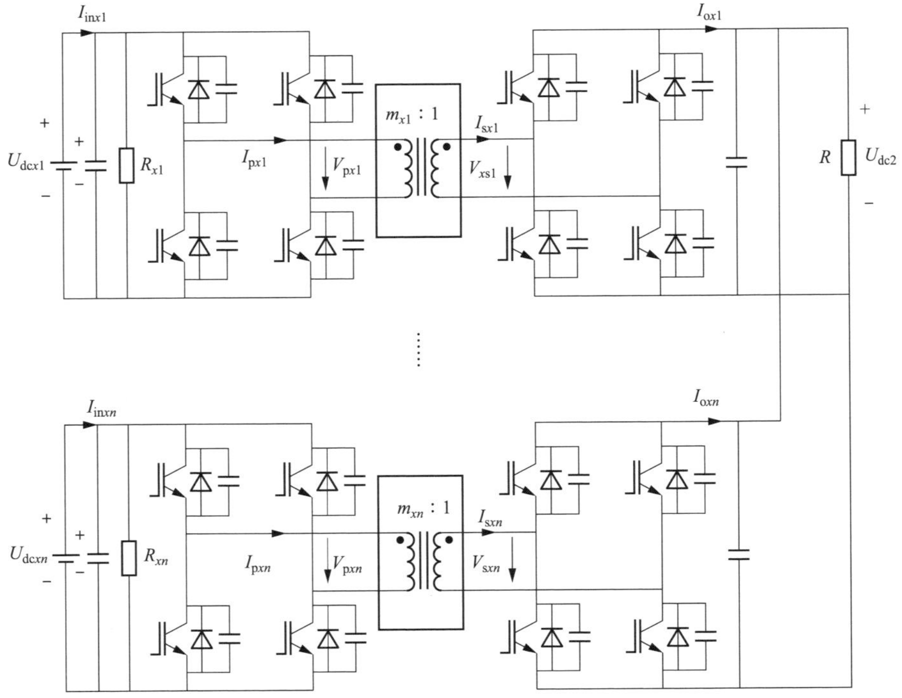

图 2-53　多 DAB 模块输出并联结构的拓扑图

其平均值 $\bar{I}_{ox1}$，$\bar{I}_{ox2}$，…，$\bar{I}_{oxn}$。最终，实际平均输出电流与指令输出电流的差值通过 PI 调节后，得出各 DAB 变流器的一、二次侧绕组 H 桥模块之间的移相比 d_{x1}，d_{x2}，…，d_{xn}。

ISOP 系统直流输出级均压控制框图如图 2-55 所示，并联 DAB 系统的实际输出电压 u_{dc2} 与指令值 u_{dc}^{ref} 的差值经过 PI 调节器后形成公共移相比 d，同时各 DAB 模块的输入电压 u_{dcx1}，u_{dcx2}，…，u_{dcxn} 与输入级各直流侧电压总平均值 $\bar{u}_{dc}$ 的差值经过 PI 环节，形成各 DAB 模块的移相比修正值 Δd_{x1}，Δd_{x2}，…，Δd_{xn}，最终共同产生各单元移相比 d_{x1}，d_{x2}，…，d_{xn}。该方法不需要采集各 DAB 变流器的输出电流值，减少了控制系统的成本，同时也降低了控制算法的复杂度。

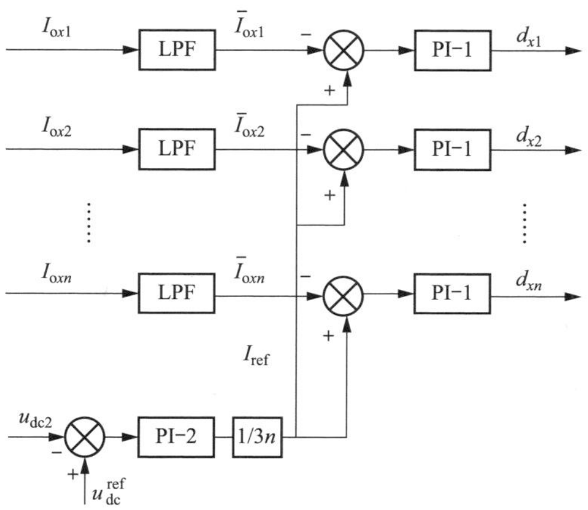

图 2-54　直流输出级并联均流控制方法

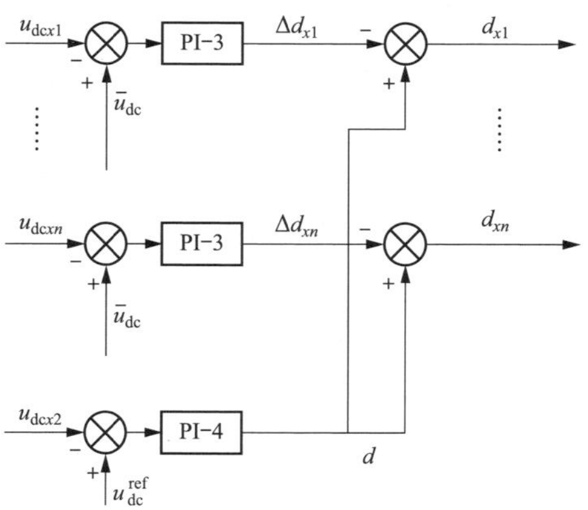

图 2-55　ISOP 系统直流输出级均压控制框图

多 DAB 模块输出并联系统平均模型如图 2-56 所示，图中

$$g_{xn}=\frac{m_{xn}d_{xn}(1-d_{xn})T_s}{L_{kxn}} \tag{2-57}$$

由图 2-56 可知，当 $I_{inx1}=I_{inx2}=\cdots=I_{inxn}$（电网平衡且不考虑损耗的理想条件）时，可以得到 $I_{x1}=I_{x2}=\cdots=I_{xn}$，即

$$g_{x1}=g_{x2}=\cdots=g_{xn} \tag{2-58}$$

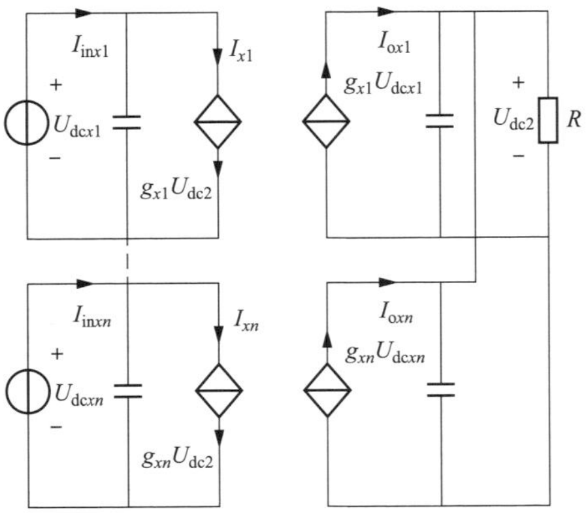

图 2-56　多 DAB 模块输出并联系统平均模型

由于 $U_{\mathrm{dc}x1}=U_{\mathrm{dc}x2}=\cdots=U_{\mathrm{dc}xn}$，得到

$$I_{\mathrm{o}x1}=I_{\mathrm{o}x2}=\cdots=I_{\mathrm{o}xn} \tag{2-59}$$

从以上分析可以看出，理想条件下，控制各 DAB 输入直流电压平衡与 DAB 输出电流均衡是等价的，且中频变压器参数 m_{xn} 及 $L_{\mathrm{k}xn}$ 不会影响多 DAB 模块并联系统的均流效果。

假设 $P_{\mathrm{in}x1}$，$P_{\mathrm{in}x2}$，…，$P_{\mathrm{in}xn}$ 为各模块的输入功率；$P_{\mathrm{o}x1}$，$P_{\mathrm{o}x2}$，…，$P_{\mathrm{o}xn}$ 为各模块的输出功率；η_{x1}，η_{x2}，…，η_{xn} 为各模块的工作效率。

对于能量路由器中的多 DAB 模块输出并联系统，各模块的输出电压相等，如果采用直流输出级并联均流控制，即 $I_{\mathrm{o}x1}=I_{\mathrm{o}x2}=\cdots=I_{\mathrm{o}xn}$，那么各模块的输出功率相等，即 $P_{\mathrm{o}x1}=P_{\mathrm{o}x2}=\cdots=P_{\mathrm{o}xn}$，从而可以得到

$$P_{\mathrm{in}x1}\eta_{x1}=P_{\mathrm{in}x2}\eta_{x2}=\cdots=P_{\mathrm{in}xn}\eta_{xn} \tag{2-60}$$

由于各 DAB 模块的输入侧直流电压在输入级的控制下保持平衡，即满足 $U_{\mathrm{dc}x1}=U_{\mathrm{dc}x2}=\cdots=U_{\mathrm{dc}xn}$，代入可以得到

$$I_{\mathrm{in}x1}\eta_{x1}=I_{\mathrm{in}x2}\eta_{x2}=\cdots=I_{\mathrm{in}xn}\eta_{xn} \tag{2-61}$$

从式（2-61）可以看出，如果各模块工作效率一致，那么直流输出级的各 DAB 模块不会给输入级 H 桥单元带来负载不平衡问题；否则，直流输出级的效率不一致带来的功率不平衡问题需要依靠输入级的控制来解决。

当采用均压控制，且电网处于平衡状态时，各 DAB 模块的输入功率相等，即 $P_{\mathrm{in}x1}=P_{\mathrm{in}x2}=\cdots=P_{\mathrm{in}xn}$，则

$$P_{\mathrm{o}x1}/\eta_{x1}=P_{\mathrm{o}x2}/\eta_{x2}=\cdots=P_{\mathrm{o}xn}/\eta_{xn} \tag{2-62}$$

由于各 DAB 模块的输出电压相同，可以进一步得到

$$I_{\mathrm{o}x1}/\eta_{x1}=I_{\mathrm{o}x2}/\eta_{x2}=\cdots=I_{\mathrm{o}xn}/\eta_{xn} \tag{2-63}$$

从式（2-63）可以看出，各模块的工作效率相同时，输出电流保持一致，与并联

均流控制达到了一样的控制效果；否则，各模块输出电流与效率成正比，效率不一致带来的功率不平衡问题由直流输出级的控制自身解决。

而当电网在不平衡状态时，由于输入级只控制总直流电压值，输入级的相间功率不平衡问题引入到直流输出级各相的DAB模块，不平衡问题最终由直流输出级的均压控制解决。

综上所述，当电网平衡且各模块效率相同时，直流输出级并联均流控制可以取得和均压控制一样的效果。但当存在功率不平衡因素时，均流控制下由输入级进行功率调节，而均压控制则利用直流输出级进行功率不平衡控制。两种控制方法仅在不平衡控制的分工上存在差别，且均压控制的直流输出级控制部分无需电流传感器，故而更具优势。

2.4.3 输出级的建模与控制

能量路由器的输出级将前级电路输出的直流电压逆变成为三相交流电压，传统三相三桥臂逆变器带不平衡负载时会产生输出电压不平衡现象。此时要求输出具有共地端，即要求三相四线输出。

三相四桥臂逆变器原理图如图2-57所示，直流电压经四桥臂电路逆变，再经LC电路滤波后，为交流负载供电。

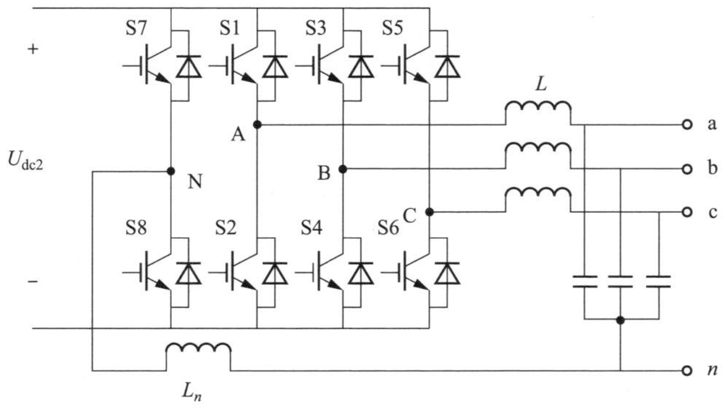

图2-57 三相四桥臂逆变器原理图

忽略直流母线电压波动、开关死区等因素影响，当开关频率远高于输出电压基波频率，且逆变器工作在线性调制区时，将逆变器模型由 abc 坐标系变换到 $dq0$ 坐标系，Park 变换可得 $dq0$ 坐标系下三相四桥臂逆变器平均模型为

$$\frac{\mathrm{d}}{\mathrm{d}t}\begin{bmatrix}I_d\\I_q\\I_0\end{bmatrix}=\omega\begin{bmatrix}I_d\\-I_q\\I_0\end{bmatrix}+\frac{U_{\mathrm{dc}}}{2}\boldsymbol{G}\begin{bmatrix}d_d\\d_q\\d_0\end{bmatrix}-\boldsymbol{G}\begin{bmatrix}U_d\\U_q\\U_0\end{bmatrix} \tag{2-64}$$

$$\frac{\mathrm{d}}{\mathrm{d}t}\begin{bmatrix}U_d\\U_q\\U_0\end{bmatrix}=\omega\begin{bmatrix}U_q\\-U_d\\0\end{bmatrix}\frac{1}{C}\left\{\begin{bmatrix}I_d\\I_q\\I_0\end{bmatrix}-\begin{bmatrix}I_{\mathrm{L}d}\\I_{\mathrm{L}q}\\I_{\mathrm{L}0}\end{bmatrix}\right\} \tag{2-65}$$

其中
$$\boldsymbol{G}=\begin{bmatrix}\frac{1}{L}&0&0\\0&\frac{1}{L}&0\\0&0&\frac{1}{L+3L_n}\end{bmatrix}$$

由式（2-64）和式（2-65）中可以看出，d 轴与 q 轴存在耦合关系，而 0 轴独立于 d 轴和 q 轴。d 轴、q 轴与 0 轴之间解耦，降低了系统阶数。采用电压或电流前馈可实现 d、q 轴解耦，解耦后 d 轴和 q 轴变成两个相互独立的 2 阶系统。此时三相四桥臂逆变器转化为三个单输入单输出系统进行独立控制。解耦后 $dq0$ 坐标系平均模型如图 2-58 所示。

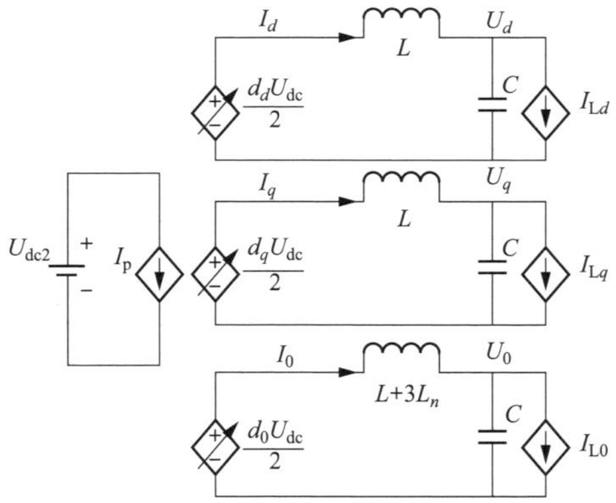

图 2-58　解耦后 $dq0$ 坐标系平均模型

根据图 2-58 可知，d 轴、q 轴和 0 轴的结构完全相同，下面以 $dq0$ 坐标系平均模型为例进行分析。三相四桥臂开环控制框图如图 2-59 所示。

根据图 2-59 可知，系统输出电压输出传递函数为

$$U_{dq}=\frac{1}{LCs^2+1}\frac{d_{dq}U_{dc}}{2}-\frac{1}{LCs^2+1}I_{Ldq} \tag{2-66}$$

由式（2-66）知，输出电压 U_{dq} 和负载电流 I_{Ldq} 有关。

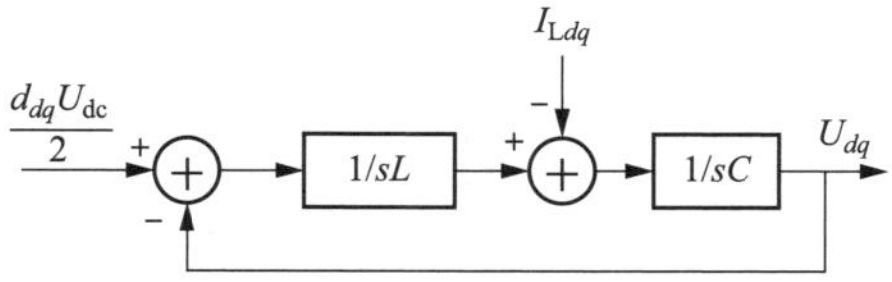

图 2-59　三相四桥臂开环控制框图

系统开环控制时，调制波一般采用三相对称正弦信号，此时占空比 d_{dq} 为直流量。当负载是平衡线性时，负载电流 I_{Ldq} 为直流量。然而在不平衡负载情况下，负载电流 I_{Ldq} 为直流量叠加 100Hz 二倍频脉动分量。

因此，当系统开环控制且负载是平衡线性时，式（2-66）可表示为

$$U_{dq}=\frac{1}{LC(\mathrm{j}\omega)^2+1}\frac{d_{dq}U_{dc}}{2}(\mathrm{j}\omega)-\frac{L(\mathrm{j}\omega)}{LC(\mathrm{j}\omega)^2+1}I_{Ldq}(\mathrm{j}\omega)\bigg|_{\omega=0}=\frac{d_{dq}U_{dc}}{2} \tag{2-67}$$

由式（2-67）可知 $dq0$ 坐标系电压为直流量。因此，当系统开环控制且负载是平衡线性时，输出电压为三相对称正弦波。然而，当系统开环控制且负载是不平衡线性时，式（2-67）中负载电流 I_{Ldq} 中将含有 100Hz 二倍频脉动分量，导致系统输出电压出现－50Hz 负序分量，从而出现电压不平衡现象。

其中，PI 的传递函数 $(K_Ps+K_I)/s$，K_{PWM} 为逆变器延时及损耗输出衰减系数，当开关频率足够高时，K_{PWM} 等效为常数。三相四桥臂双闭环控制框图如图 2-60 所示，系统输出电压输出传递函数为

$$U_{dq}=\frac{[K_{PWM}(K_Ps+K_I)]U_{dqref}-Ls^2I_{Ldq}}{LCs^3+K_{PWM}Cs^2+K_{PWM}K_Ps+K_{PWM}K_I} \tag{2-68}$$

当系统输出带平衡线性负载时，负载电流为直流量（$s=\mathrm{j}\omega=\mathrm{j}0=0$），式（2-68）可表示为

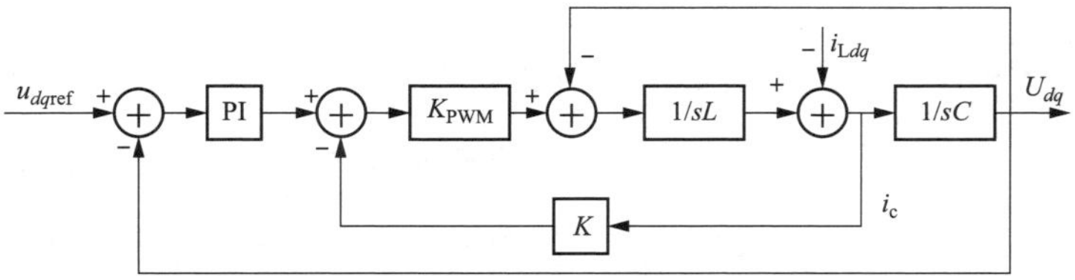

图 2-60　三相四桥臂双闭环控制框图

$$U_{dq}=\frac{[K_{\mathrm{PWM}}(K_{\mathrm{p}}\mathrm{j}0+K_{\mathrm{I}})]U_{dq\mathrm{ref}}(\mathrm{j}0)-L(\mathrm{j}0)^2 I_{\mathrm{L}dq}(\mathrm{j}0)}{LC(\mathrm{j}0)^3+K_{\mathrm{PWM}}C(\mathrm{j}0)^2+K_{\mathrm{PWM}}K_{\mathrm{P}}(\mathrm{j}0)+K_{\mathrm{PWM}}K_{\mathrm{I}}}=U_{dq\mathrm{ref}}(\mathrm{j}0) \quad (2\text{-}69)$$

因此，系统采用双闭环控制带平衡负载时输出电压为三相对称正弦波。

然而在不平衡负载情况下，负载电流为直流量叠加 100Hz 二倍频分量，即负载电流可表示为 $I_{\mathrm{L}dq}(\mathrm{j}0)+I_{\mathrm{L}dq}(\mathrm{j}200\pi)$，此时，式（2-69）可写为

$$\begin{aligned}U_{dq}&=\frac{[K_{\mathrm{PWM}}(K_{\mathrm{P}}\mathrm{j}0+K_{\mathrm{I}})]U_{dq\mathrm{ref}}(\mathrm{j}0)-L(\mathrm{j}0)^2 I_{\mathrm{L}dq}(\mathrm{j}0)}{LC(\mathrm{j}0)^3+K_{\mathrm{PWM}}C(\mathrm{j}0)^2+K_{\mathrm{PWM}}K_{\mathrm{P}}(\mathrm{j}0)+K_{\mathrm{PWM}}K_{\mathrm{I}}}\\&=U_{dq\mathrm{ref}}-\frac{L(\mathrm{j}200\pi)^2 I_{\mathrm{L}dq}(\mathrm{j}200\pi)}{LC(\mathrm{j}200\pi)^3+K_{\mathrm{PWM}}C(\mathrm{j}200\pi)^2+K_{\mathrm{PWM}}K_{\mathrm{P}}(\mathrm{j}200\pi)+K_{\mathrm{PWM}}K_{\mathrm{I}}}\end{aligned} \quad (2\text{-}70)$$

由式（2-70）可知，电压 U_{dq} 包含直流分量 $U_{dq\mathrm{ref}}$ 和 100Hz 交流分量，导致系统输出电压出现−50Hz 负序分量，从而出现电压不平衡现象。

为了抑制负载电流不平衡及谐波对控制的影响，采用一种三闭环控制策略，三相四桥臂三闭环控制框图如图 2-61 所示。

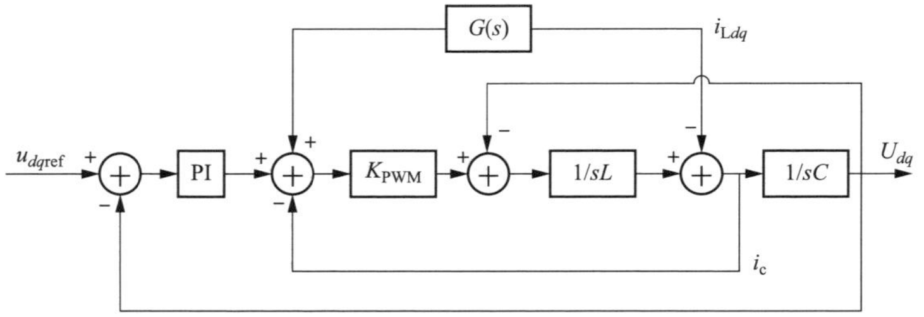

图 2-61　三相四桥臂三闭环控制框图

系统输出电压输出传递函数为

$$U_{dq}=\frac{[K_{\mathrm{PWM}}(K_{\mathrm{p}}s+K_{\mathrm{I}})]U_{dq\mathrm{ref}}-[Ls^2-K_{\mathrm{PWM}}sG(s)]I_{\mathrm{L}dq}}{LCs^3+K_{\mathrm{PWM}}Cs^2+K_{\mathrm{PWM}}K_{\mathrm{P}}s+K_{\mathrm{PWM}}K_{\mathrm{I}}} \quad (2\text{-}71)$$

与双闭环控制相比，引入了负载电流反馈，令 $G(s)=Ls/K_{\mathrm{PWM}}$，则负载电流的不平衡影响将被消除。实际上，K_{PWM} 只能近似为常数，且由于电压电流检测、计算的延时，负载电流的影响只能尽量抑制，不能消除。采用该控制方案带不平衡负载时，输出电压为三相对称正弦波。

2.4.4 仿真分析与样机示范

1. MMC 型电力电子变压器仿真分析

(1) MMC 调制策略仿真分析。对 DM-CPS-PWM 调制策略进行仿真，MMC 调制策略仿真主要参数如表 2-2 所示，仿真时间为 0.2s。

表 2-2　MMC 调制策略仿真主要参数

参数名称	参数符号	参数值	单位
桥臂子模块数	N	4	个
调制波频率	f_s	50	Hz
载波频率	f_c	2	kHz
公共直流侧电压	U_{dc}	400	V
子模块直流电容	C	470	μF
子模块电容电压参考值	u_{cj}^*	200	V
桥臂电感	L_{arm}	5	mH
负载功率因数	$\cos\varphi$	0.98	—
负载电感	L_{load}	5	mH

采用 DM-CPS-PWM（N+1 电平）的输出电压与电流波形及输出电压总谐波失真（total harmonic distortion，THD）如图 2-62 所示，当上、下桥臂子模块载波同相时，输出电压包括了 5 个电平，输出电压的 THD 为 33.01%，其中谐波主要集中在等效开关频率 8kHz（160 次谐波）附近，验证了双调制波载波移相调制策略的有效性。

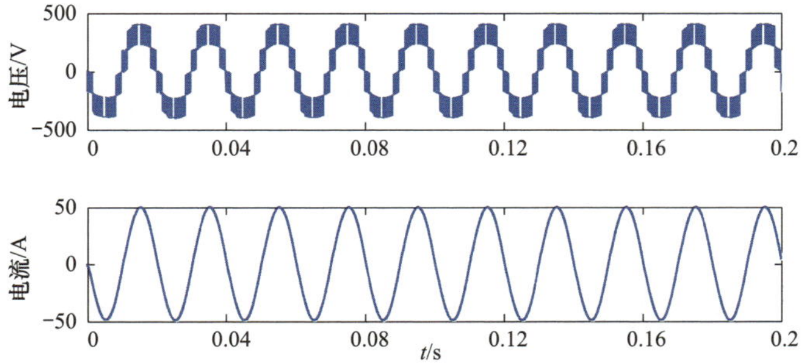

(a) 输出电压和电流波形

图 2-62　采用 DM-CPS-PWM（N+1 电平）的输出电压与电流波形及输出电压 THD（一）

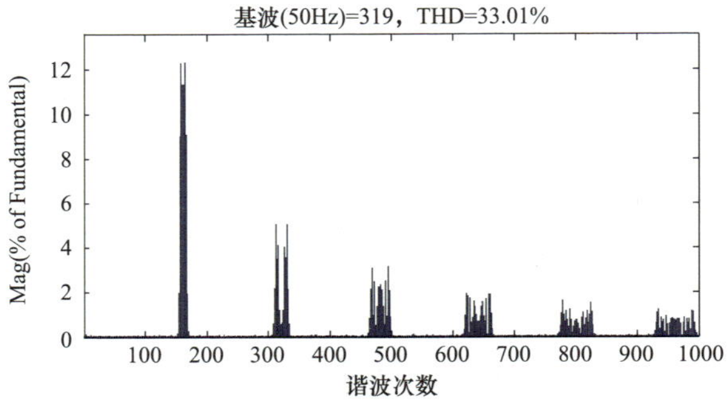

(b) 输出电压THD

图 2-62　采用 DM-CPS-PWM（$N+1$ 电平）的输出电压与电流波形及输出电压 THD（二）

（2）MMC 电压平衡控制策略仿真分析。MMC 子模块直流电容电压如图 2-63 所示，当系统达到稳态后，子模块电容电压在 2500V 上下波动，波动范围为 2440～2560V，波动在参考电压 3%以内，符合设计要求；三相子模块电容平均电压趋于稳定，在参考值 2500V 附近，验证了子模块电容电压平衡控制器的有效性。

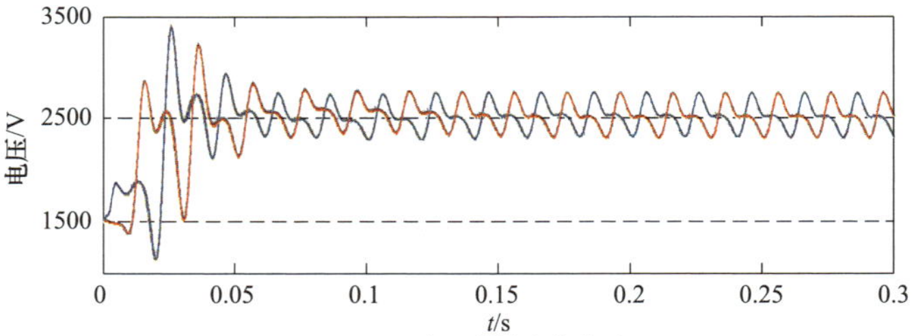

(a) A相子模块电容电压

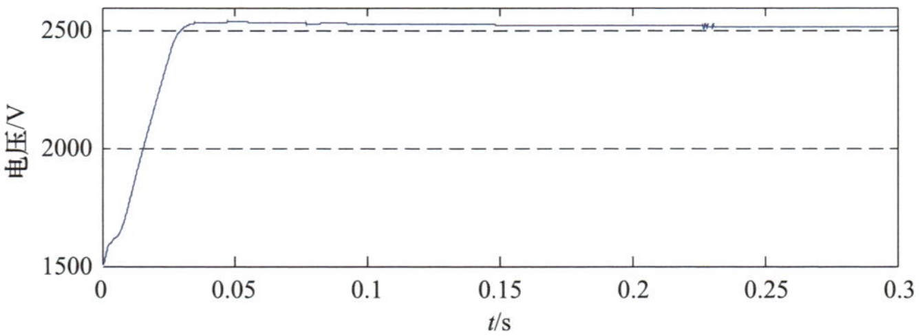

(b) 三相子模块电容平均电压

图 2-63　MMC 子模块直流电容电压

（3）MMC 电流控制策略仿真分析。对本项目提出的采用电压外环的 MMC 电流控制策略进行仿真，采用电压外环的 MMC 电流控制器参数如表 2-3 所示，仿真时间为 0.3s。

表 2-3 采用电压外环的 MMC 电流控制器参数

电流内环				电压外环	
K_{P2}	K_{I2}	K_{P3}	K_{I3}	K_{P4}	K_{I4}
8	2500	8	2500	1.7	16

在 t=0.15s 时，将子模块电容电压参考值 u_{cj}^* 从 2500V 变为 3000V，采用电压外环的 MMC 电流控制器仿真波形如图 2-64 所示。图 2-64（a）为子模块电容平均电压波形图，可见子模块电容平均电压跟随其参考值变化，且有较快的响应速度；图 2-64（b）为 A 相子模块电容电压波形图，可见各子模块电容电压均在参考值上下波动，实现正常充放电；图 2-64（c）为交流侧电流的 d、q 轴分量，当子模块电容电压参考值 u_{cj}^* 变化时，d 轴电流参考值 i_{sd}^* 也对应地从 72A 变为 112A，电流的 d、q 轴分量均跟随其参考值发生了相应的变化，实现了电流内环控制；图 2-64（d）为直流母线电压，由于采用输出 17 电平的 DM-CPS-PWM 调制策略，直流母线存在开关频率的波动，但 t=0.15s 前总体上稳定在 20kV，t=0.15s 后，随着子模块电容电压的升高，总体上稳定在 24kV，满足上下桥臂保持 N 个子模块投入的基本原理；图 2-64（e）为 A 相输入电流波形图，在 t=0.15s 时随着电流在 d、q 轴分量参考值的变化，交流电流相位发生了改变，幅值略有减小，但保持正弦波形。总体上，采用电压外环的 MMC 电流控制器在完成对 MMC 电流控制的同时，较好地稳定了直流母线电压，能够实现对 MMC 传输功率的控制。

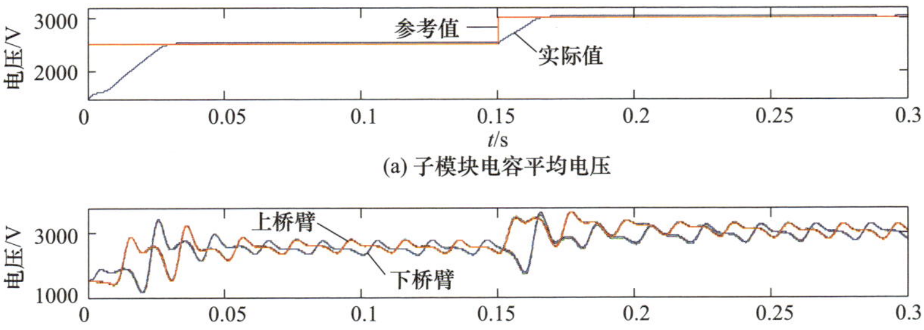

(a) 子模块电容平均电压

(b) A相子模块电容电压

图 2-64 采用电压外环的 MMC 电流控制器仿真波形（一）

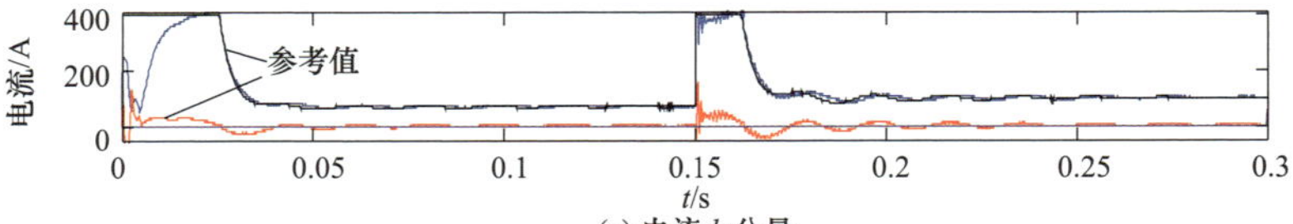

(c) 电流dq分量

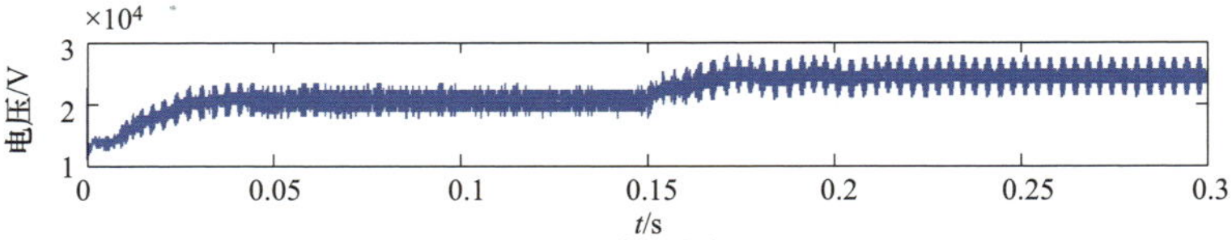

(d) 直流母线电压

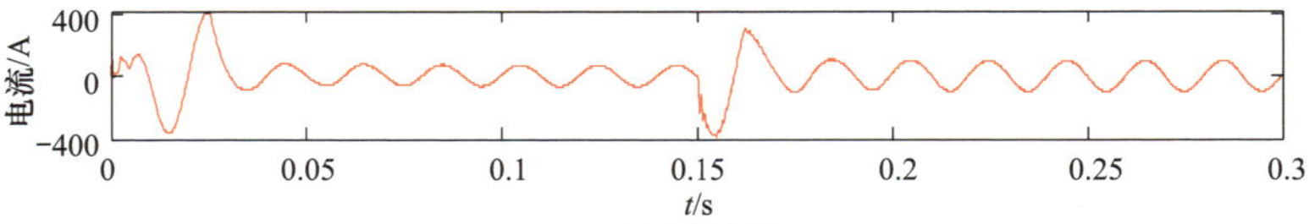

(e) A相电流

图 2-64　采用电压外环的 MMC 电流控制器仿真波形（二）

（4）MMC 环流抑制策略仿真分析。对 MMC 环流抑制策略进行仿真，环流抑制器 PI 参数如表 2-4 所示，仿真时间为 0.3s。

表 2-4　　环流抑制器 PI 参数

K_{P7}	K_{I7}	K_{P8}	K_{I8}
4	10	4	10

保持 MMC 输入有功功率、无功功率给定值和子模块电容电压参考值均不变化，在 $t=0.15$s 时，加入环流抑制器，MMC 加入环流抑制器前后的仿真结果与电流 THD 如图 2-65 所示。图 2-65（a）和（b）为三相环流波形，由环流波形局部放大图可知，三相环流的幅值从 85A 降低到了 8A，基本上符合了将环流抑制到 0 的控制目标；图 2-65（c）为 A 相上、下桥臂电流，可见加入环流抑制器后，上、下桥臂电流基本变为对称的正弦波；图 2-65（d）和（e）为加入环流抑制器前后，A 相桥臂电流的 THD 从 211.84%降为 14.09%，以上变化很好地说明了项目提出的负序二倍频环流抑制器的有效性。

（5）样机示范。由中国电力科学研究院、东南大学联合研制的 10kV 能量路由器产品实物照片如图 2-66 所示。MMC 和 ISOP 柜的三维设计图如图 2-67 所示。MMC 半桥模块单元、低压端 H 桥单元和高压端 H 桥单元的三维图如图 2-68

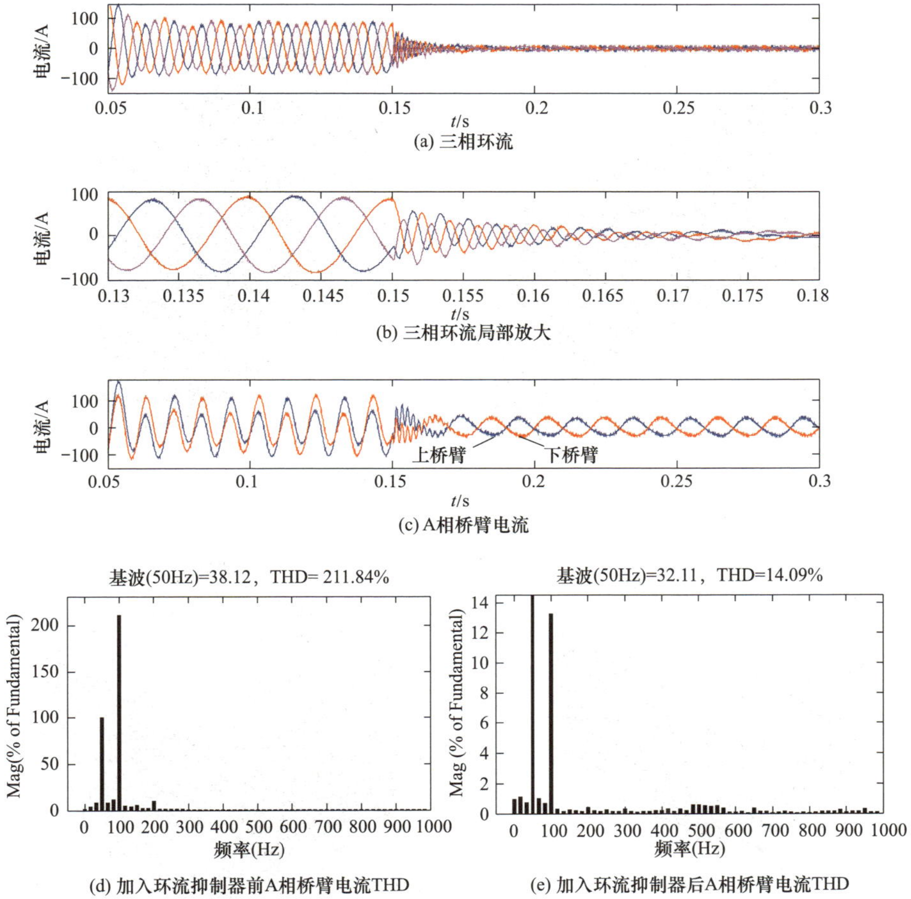

图 2-65　MMC 加入环流抑制器前后仿真结果与电流 THD

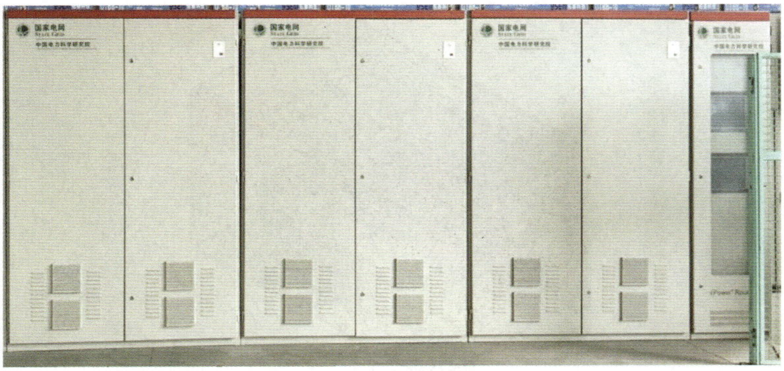

图 2-66　10kV 能量路由器产品实物照片

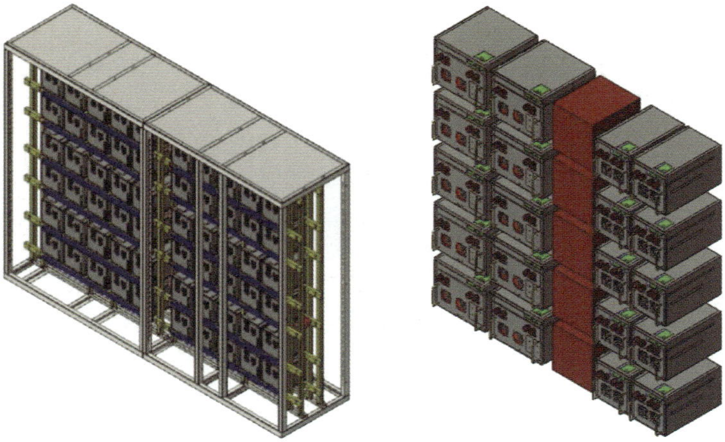

图 2-67　MMC 柜和 ISOP 柜的三维设计图

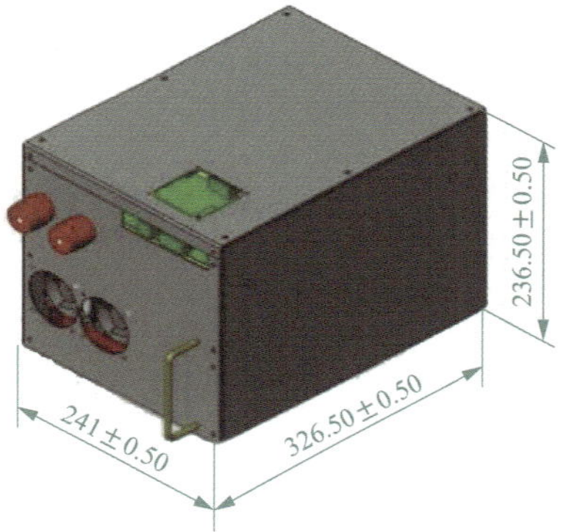

(a) MMC半桥模块单元三维图(单位：mm)

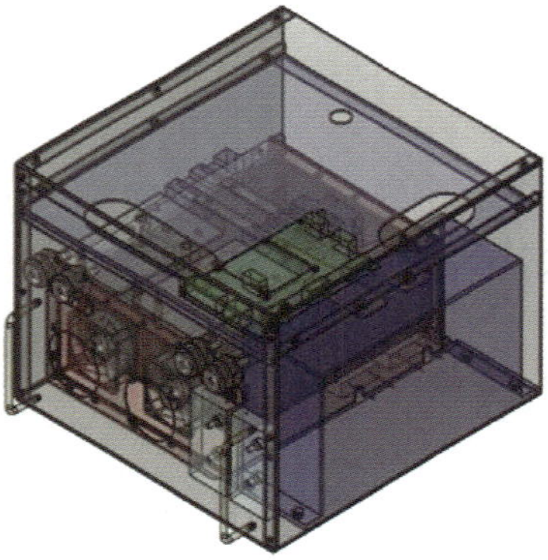

(b) 低压端H桥单元三维图

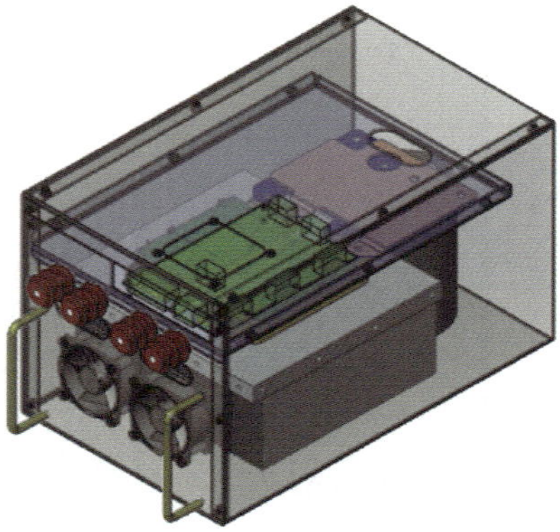

(c) 高压端H桥单元三维图

图 2-68　MMC 半桥模块单元、低压端 H 桥单元和高压端 H 桥单元的三维图

所示。所设计的能量路由器产品的总体尺寸为 7200mm×2300mm×1240mm（长×高×深），即总体积为 20.53m^3。

根据对各个部件的实际测量结果，其中对能量路由器产品功率密度有显著影响的元件或设备参数如表 2-5 所示。其他体积很小的部件，例如交直流的电流传感器、交直流电压分压器、接线端子、连接电缆等大多位于产品主要部件之间的空气间隙内，对电力电子变压器功率密度的影响很小。

表 2-5　　对能量路由器产品功率密度有显著影响的元件或设备参数

序号	元件或设备	数量	单台尺寸/mm×mm×mm	总体积/m^3
1	10kV 交流电网断路器	1	350×423×215	0.032
2	10kV 软充电电阻	3	860×177×370	0.169
3	10kV 三相软充电旁路开关	1	350×423×215	0.032
4	桥臂电抗器	6	630×540×370	0.755
5	MMC 功率单元	60	241×326×236	1.112
6	ISOP 功率模块	20	443×326×236	0.681
7	ISOP 中频变压器	10	230×240×330	0.182
8	控制柜	1	620×860×2300	1.226
9	逆变柜	1	1240×1400×2300	3.993
10	10kV 软启柜	1	1910×1240×2300	5.447
11	MMC 柜	1	3280×860×2300	6.488
12	ISOP 柜	1	1640×860×2300	3.244

2. CHB 型电力电子变压器仿真分析

（1）星形连接仿真分析。为了对提出的相间平衡控制策略的有效性进行验证，在 Matlab/Simulink 上对星形结构级联并网逆变器进行仿真分析，星形结构级联变流器的仿真电路参数如表 2-6 所示。

表 2-6　　星形结构级联变流器的仿真电路参数

参数名称	取值	参数名称	取值
三相系统线电压/V	380	直流侧电容值 C/μF	4400
电网频率 f/Hz	50	开关频率/Hz	3200
电网负序不平衡度	4%	输入电抗值 L/mH	3
各相级联单元数 N	1	直流电压指令值/V	500

单相之内的多个级联单元可以等效成单个，故而选取级联数 $N=1$。可以将电力电子变压器后级的不平衡因素等效成直流侧的并联负载。为了验证控制方法的稳态和暂态特性，本节中使用直流侧并联负载突变来进行仿真：$t<0.6$s 时，$r_A=15\Omega$，$r_B=20\Omega$，$r_C=30\Omega$；$t=0.6$s 时，负载变化为 $r_A=10\Omega$，$r_B=20\Omega$，$r_C=60\Omega$；$t=1$s 时，负载又变为 $r_A=15\Omega$，$r_B=20\Omega$，$r_C=40\Omega$。仿真过程中，$t=0.2$s 时加入相间平衡控制方法。

星形结构级联变流器的仿真波形如图 2-69 所示，包括各相直流侧电压波形、逆变器各相电流波形及各相有功功率分配。从图中可以看出：启用相间平衡控制前，各相直流侧由于负载及电网不平衡等原因存在较大不一致，有功功率趋于等量分配；加入相间平衡控制后，直流侧电压较快达到一致，有功功率也随

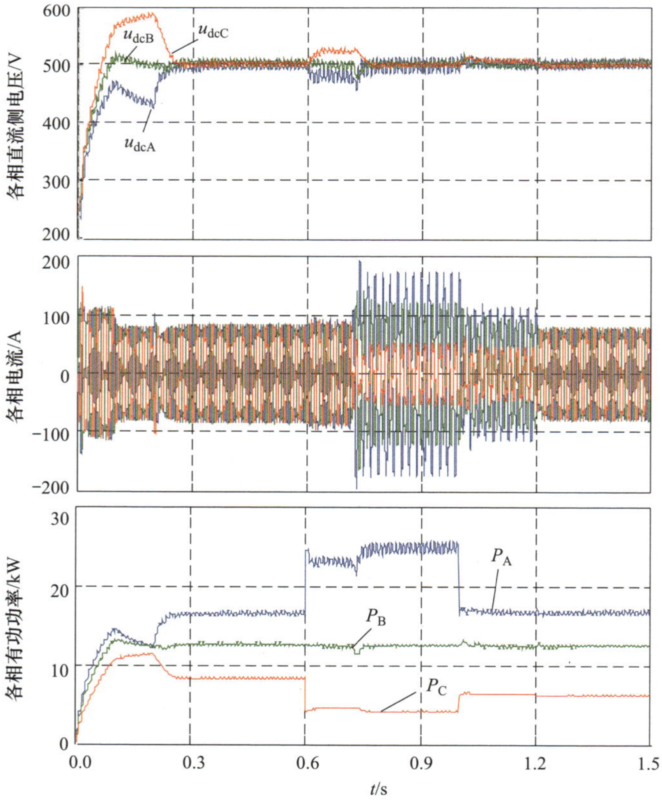

图 2-69　星形结构级联变流器仿真波形

之根据各相负载进行了分配。0.6s<t<1s 时，相间不平衡加重后的零序电压注入不能达到直流侧平衡，有功功率未满足各相需求，而方法切换后直流侧电压快速达到平衡，所以此过程中发生了有功功率的波动；而 t>1s 的情况下，相间负载的不平衡变小，发生切换前后皆能满足直流电压平衡，故而未发生功率变化。

相间负载不平衡突变时的局部放大波形如图 2-70 所示。图 2-70（a）是发生相间负载不平衡增大后的直流侧电压、各相电流及判别条件电压的波形。结合图 2-69 可以看出：0.6s<t<0.72s，各相直流侧电压并未达到稳定，但三相电流保持平衡，此时零序电压注入法已经无法满足所需的功率调节能力；t>0.72s，切换条件的判定时间 0.1s 到达后，自动切换为负序电压注入法，直流侧电压很快达到平衡状态，功率随之进行了按需分配，但三相电流发生了不平衡；图 2-70（b）为在相间负载不平衡突减后的直流侧电压、各相电流及判别条件电压的波形。从图中可知，t>1.0s 且发生切换前，直流侧仍能保持平衡，但此时

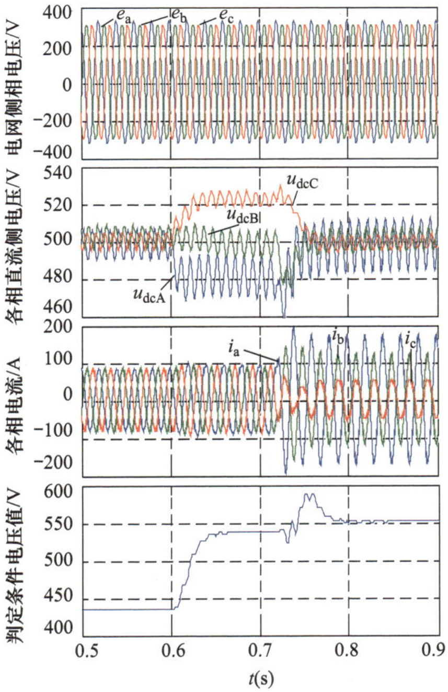

(a) 相间负载不平衡突增

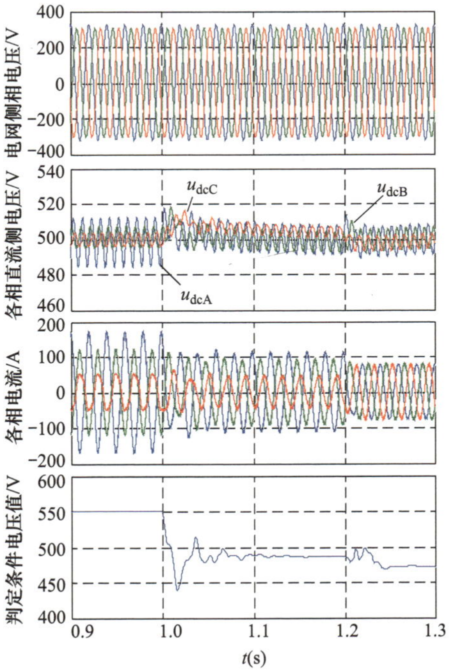

(b) 相间负载不平衡突减

图 2-70　相间负载不平衡突变时局部放大波形

作为判别条件的电压值已小于 480V，所以在到达判别时间后（约 1.2s 处）进行了相间平衡算法的切换，切换后三相的电流保持平衡，不再对电网注入负序电流。图 2-70（b）中的切换判定电压在算法切换前后变化不大，印证了零序电压注入条件的计算同样适用于相间负载差异从重到轻的切换情况，其中少量的波动是负序注入情况下对输出电压和电流的正序量提取存在偏差造成的。

（2）星形连接试验分析。为进一步对提出的控制方法进行验证，搭建了三个 H 桥单元以组成 $N=1$ 的三相星形结构的试验平台，并使用三相调压器连接三相级联并网逆变器进行低压试验，具体参数：输入线电压为 150V，不平衡度为 1.0%，并网电抗器为 2mH，直流电容值为 2000μF，开关频率为 3.2kHz，直流侧指令电压为 150V，切换条件最大输出电压 U_{max} 为 150V（迟滞环宽为 10V），最大负序电压 e^{n}_{max} 为 20V，条件判定时间 2s。

在该试验平台上进行负载突变的试验，以实现控制方法的双向切换，具体步骤如下：首先，在 A 相负载为 15Ω、B 相负载为 46Ω 及 C 相负载为 23Ω 的条件下启动；待三相的直流侧电压稳定后，将 B 相负载切换为 90Ω；再次稳定后将 A 相负载切换为 46Ω，B 相负载切换为 46Ω。启动时各相的直流侧电压波形如图 2-71 所示，启动前各相直流侧电压在负载的作用下保持不同，经过相间平衡控制，在稳定后三相直流侧电压保持一致。

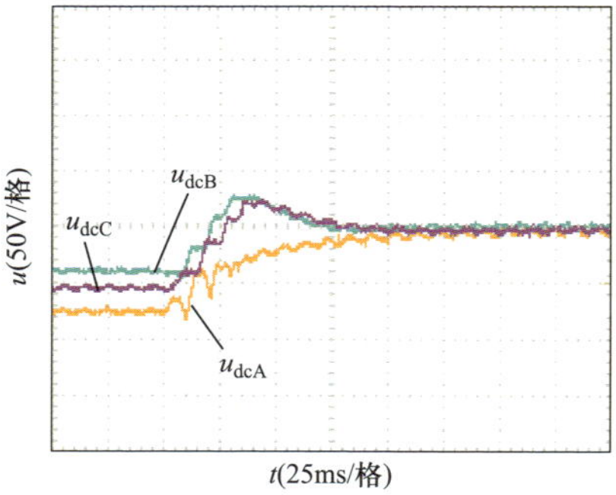

图 2-71 启动时各相直流侧电压试验波形

相间不平衡突变时的试验波形如图 2-72 所示。图 2-72（a）为稳定时进行不平衡突增的直流侧电压波形，由于切换后零序电压注入已经不能满足平衡要求，在经过判定条件的时间后切换为负序电压注入法，直流电压又趋于稳定。图 2-72（b）为启动后稳定阶段的电压电流波形，从图中可以看出在保持直流侧电压平衡的同时，各相电流也基本平衡，此阶段使用了零序电压注入法。图 2-72（c）

为发生方法切换后稳定的三相电流波形，此时使用的是负序电压注入法。从图 2-72（c）可以看出，切换后的三相直流侧电压虽处在平衡状态，但由于负序电压的注入，负序电流也引入逆变器中。

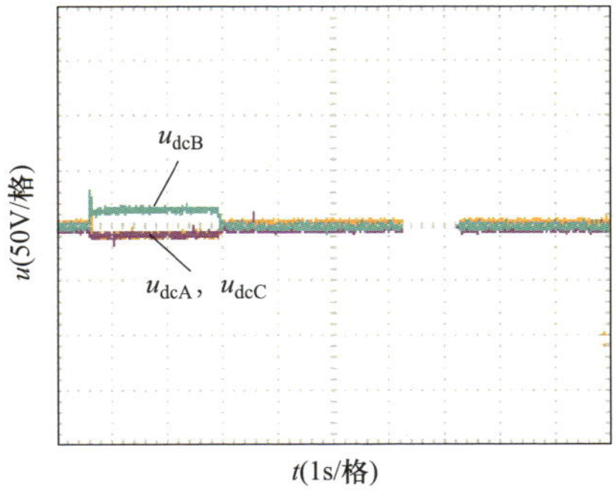

(a) 不平衡突增期间的直流侧电压

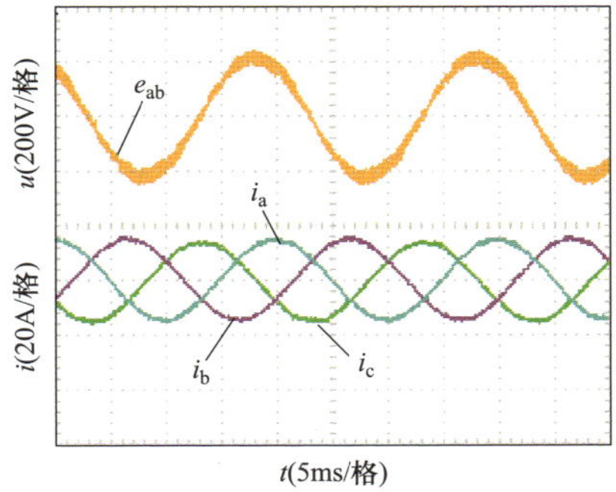

(b) 不平衡突增前的系统侧电压和电流

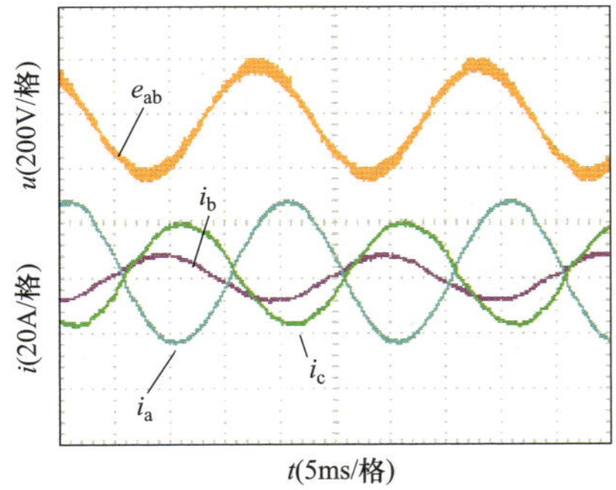

(c) 不平衡突增后的系统侧电压和电流

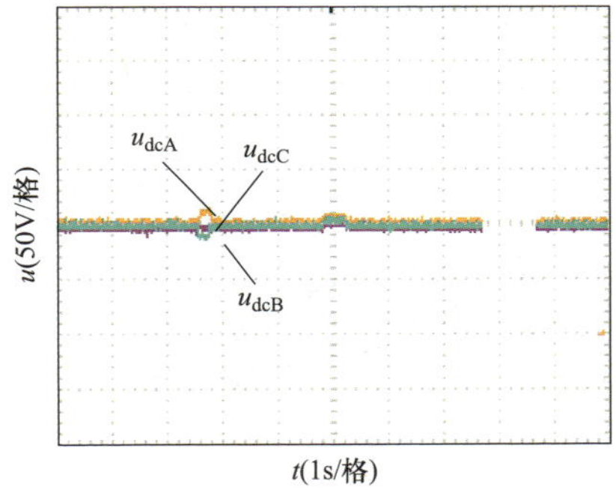

(d) 不平衡突减期间的直流侧电压波形

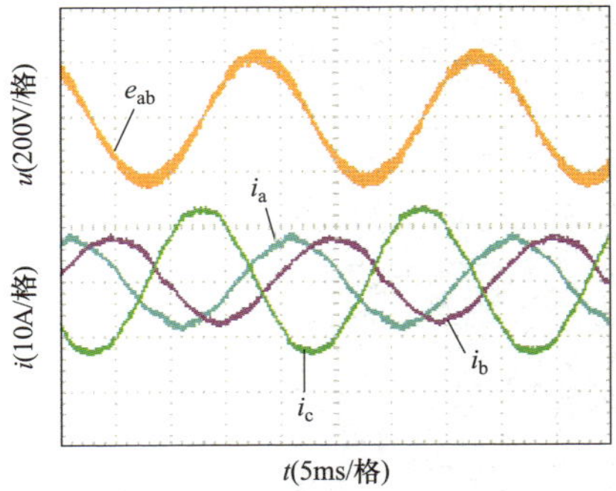

(e) 不平衡突减前的系统侧电压和电流

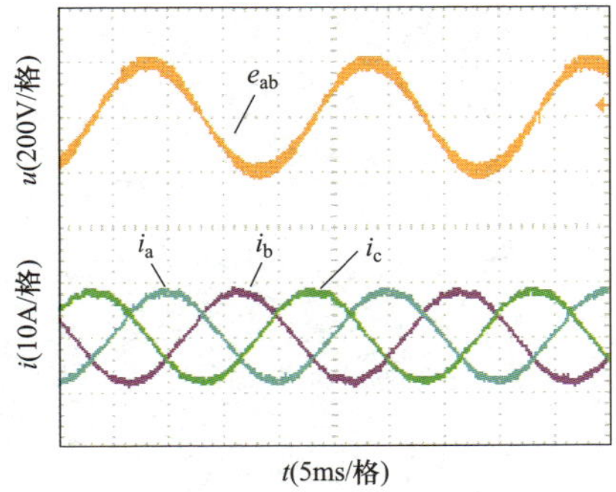

(f) 切换后的系统侧电压、电流

图 2-72　相间不平衡突变时的试验波形

图 2-72（d）为相间不平衡突减前后的直流侧电压波形，在发生突减后，直

流侧电压很快达到平衡。由于此时判定条件满足切入零序电压注入法，在经过约 2s 后，自动切换为零序电压注入法。从图 2-72（e）中可以看到，突减后负载差异变小，电流不平衡度有所降低，而在发生方法切换后，图 2-72（f）中的三相电流恢复到平衡状态。

上述试验验证了基于零序和负序电压注入的相间平衡方法应用于三相级联逆变器的可行性和有效性，而且此方法具有较好的动态性能。

（3）样机示范。实验室采用了六个高压侧单元形成的三组模块来建立级联型电力电子变压器样机，实验室样机图如图 2-73 所示。两个高压侧单元模块通

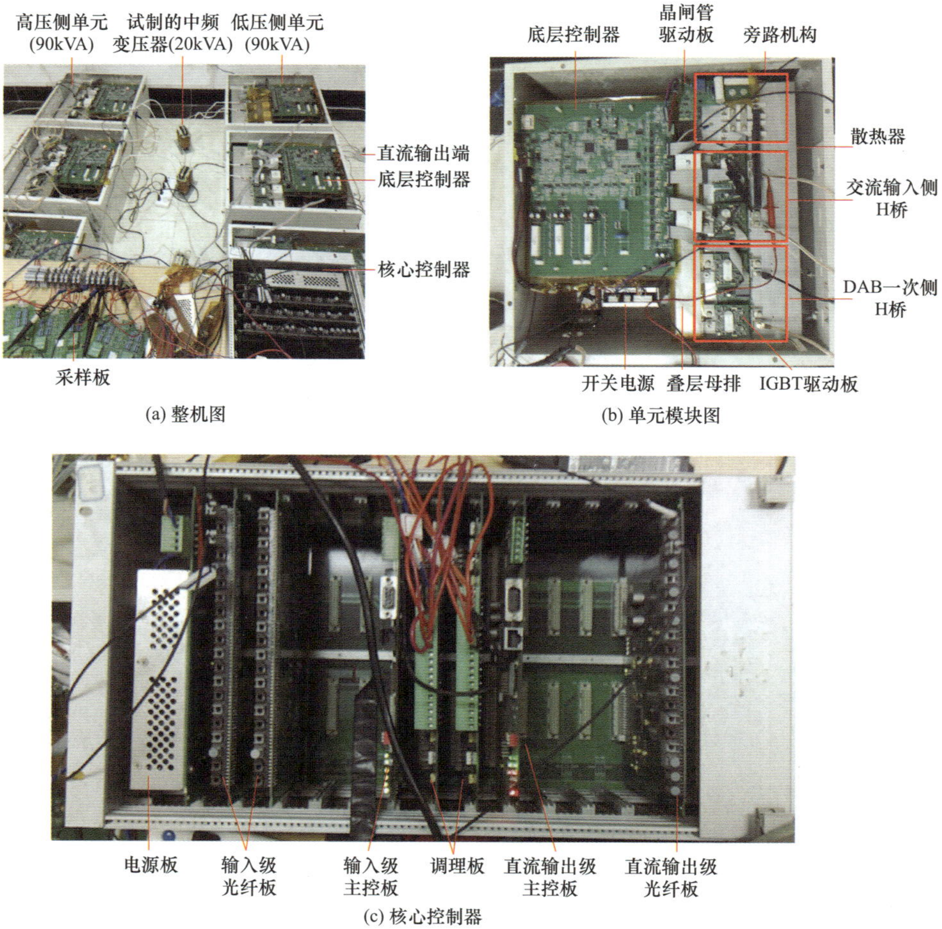

图 2-73　实验室样机图

过中频变压器连接构成一组模块，包括交流侧的旁路机构（晶闸管+不控整流器型）、背靠背的双 H 桥、叠层母排、电解电容、开关电源、散热器及底层控制器；装置目前只需要直流输出端，故而用作低压侧的单元模块有一组 H 桥暂处于闲置状态；一组模块中的高、低压侧各自独立使用一块底层控制器，而核心控制器通过光纤与底层控制器相连，有效地保证了主控系统与底层功率单元的电气隔离；电网侧及单元模块中的电压、电流等信号通过装有传感器的采样板后送入核心控制器中的调理板。单元模块的设计容量为 90kVA，其中主要器件的具体参数：中频变压器开关频率 5kHz，变比 1∶1，额定电压±950V，漏抗 0.5mH，容量 20kVA；单元直流侧电容 6667μF（耐压 450V 容量 10000μF 的电解电容进行三串两并）；开关器件选用 SEMiX452GB176HDs（耐压 1700V，80℃下集电极电流 310A）。

2.4.5 柔性互联构网型虚拟同步控制

近来，有学者发现并网变流器和传统同步发电机在物理结构上存在对偶，如果能通过先进的控制算法使得并网变流器和同步发电机在数学上实现等效，那么即可将并网变流器虚拟为传统的同步发电机。显然，这会大大提高微电网和配电网对分布式电源的适应性和接纳能力，由此催生了虚拟同步发电机（virtual synchronous generator，VSG）技术的诞生。电压源型变流器可以工作在整流和逆变两种状态，对应的虚拟同步机技术应用于整流器和逆变器，也可以分为控制电压和控制功率两种模式。下面以逆变器为例进行分析。

1. 有功控制环路设计

典型发电机一次调频下垂曲线如图 2-74 所示，其数学关系式如下

$$P_m = P_{set} + D_P(\omega_N - \omega) \qquad (2\text{-}72)$$

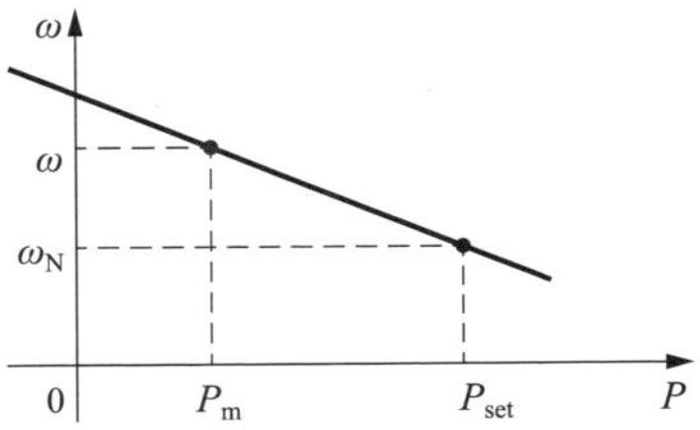

图 2-74 典型发电机一次调频下垂曲线

式中：P_m 为原动机实际提供的机械功率；P_{set} 为原动机设定的机械功率，通常由二次调频的

调度指令给出；D_P 为有功频率的下垂系数；ω_N 为额定角频率；ω 为实际角频率。下垂控制能根据频率和有功间的关系自动调节输出有功功率。参考同步发电机的惯性特性，在下垂控制的基础上，将惯性参数量引入逆变器控制环路，可得到新的机械方程，兼具一次调频作用与惯性特性

$$P_{set} + D_P(\omega_N - \omega) - P_e = J\omega_N \frac{d\omega}{dt} \tag{2-73}$$

从逆变器的角度上，将惯性参量加入逆变器，结合原本的下垂调节作用，就能使逆变器有功控制效果更类似于传统同步发电机，兼具一次调频和惯性的特点。根据式（2-73）设计的虚拟同步机有功环路控制结构如图 2-75 所示。

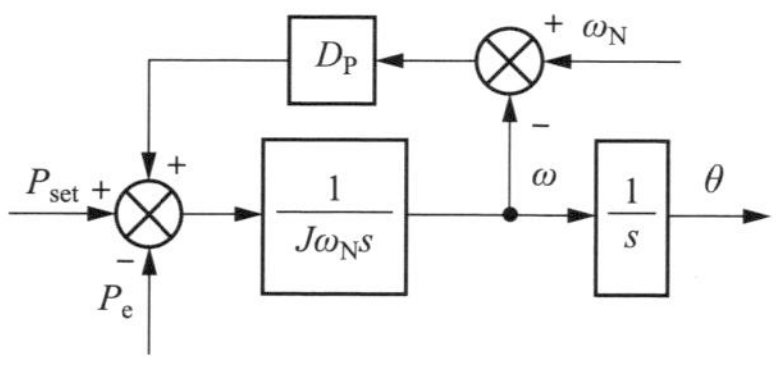

图 2-75　虚拟同步机有功环路控制结构

根据瞬时功率理论，有功的计算表达式为

$$P_e = 1.5(u_d i_d + u_q i_q) \tag{2-74}$$

式中：u_d、u_q、i_d、i_q 分别为两相同步旋转坐标系下逆变器输出电压值和电感电流值的 d、q 轴分量。

对于下垂系数 D_P 的选取，考虑发生功率与频率变化时前后两个稳定状态。稳定运行时，$d\omega/dt=0$，P_{set} 与 ω_N 为固定值，则可由前后稳定状态作差，计算 D_P，即

$$D_P = \frac{\Delta P}{\Delta \omega} \tag{2-75}$$

根据式（2-75），可以通过频率变化量对应的功率需求设计下垂系数 D_P。对于转动惯量 J，其与惯性时间常数 T 存在如下关系

$$T = J\omega_0^2 / S_N \tag{2-76}$$

可以用 T 来界定发电机的惯性大小，S_N 为同步发电机额定容量。

同步逆变器的有功环路与同步发电机的机械运动方程是对应的，因此同步逆变器完全模拟了同步发电机的机械电气特性。相较于传统同步发电机转动惯

量固定的特点，虚拟同步发电机控制结构中转动惯量参数 J 灵活可变，可以适应不同功率等级和调节速度的控制要求。有功环路计算出的角频率 ω 经过积分后得到相位角度值 θ 作为电压调制波的相角指令值，参与后续控制计算。

2. 无功控制环路设计

同步发电机励磁控制器控制的是电流量，而在逆变器中等效控制的是电压量。因此，模拟同步发电机励磁电流控制方法，可以得到逆变器桥臂中点电压的控制方程如下

$$\sqrt{2}E = G(s)(\sqrt{2}U_{\mathrm{ref}} - \sqrt{2}U_{\mathrm{o}}) \tag{2-77}$$

式中：E 为逆变器桥臂输出相电压有效值；U_{ref} 为逆变器电容参考电压有效值；U_{o} 为实际电容电压有效值；$G(s)$ 为调节器传递函数。与有功控制环路对比，励磁控制环节可以类比为有功环中的惯性积分环节，同时为了实现无差调节，$G(s)$ 选用积分调节器。

同样的，典型发电机一次调压曲线如图 2-76 所示，同步发电机的一次调压方程如下

$$Q_{\mathrm{e}} = Q_{\mathrm{set}} + D_{\mathrm{Q}}(\sqrt{2}U_{\mathrm{N}} - \sqrt{2}U_{\mathrm{ref}}) \tag{2-78}$$

式中：Q_{e} 为同步发电机实际输出的无功功率；Q_{set} 为设定的无功功率给定值；D_{Q} 为无功电压下垂系数；U_{N} 为输出电压的额定有效值。

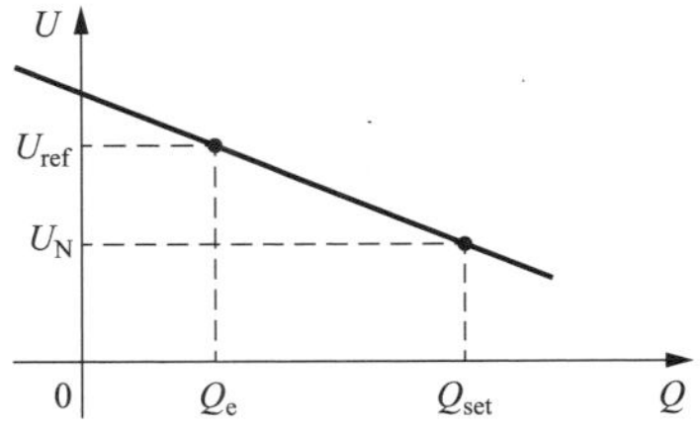

图 2-76 典型发电机一次调压曲线

考虑到保持与有功控制环路结构的相似性，将无功下垂系数与励磁调节器传递函数合并，令 $D_{\mathrm{Q}}/G(s)=K$，可得结合一次调压和励磁控制作用的无功电压控制方程

$$Q_{\mathrm{set}} + D_{\mathrm{Q}}(\sqrt{2}U_{\mathrm{N}} - \sqrt{2}U_{\mathrm{o}}) - Q_{\mathrm{e}} = K\frac{\mathrm{d}(\sqrt{2}E)}{\mathrm{d}t} \tag{2-79}$$

与式（2-73）相比，K 可以等效为无功电压控制环路的惯性系数。根据式（2-79）可以设计虚拟同步发电机控制的无功环路控制结构，如图 2-77 所示。

对于下垂系数 D_{Q} 的选取，考虑发生电压幅值与无功变化时前后两个稳定时

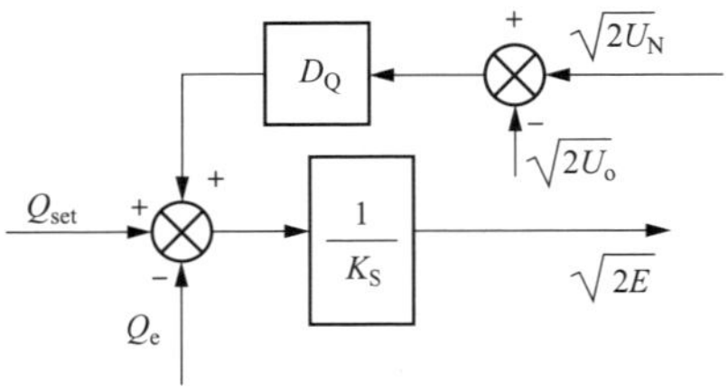

图 2-77　虚拟同步发电机控制的无功环路控制结构

的状态。稳定运行时，$\frac{\mathrm{d}(\sqrt{2}E)}{\mathrm{d}t}=0$，$Q_{set}$ 与 U_N 为固定值，则根据式（2-79），可由前后稳定状态作差，计算 D_Q，即

$$D_Q=\frac{\Delta Q}{\Delta U} \tag{2-80}$$

根据式（2-80），可以通过电压幅值变化量对应的无功功率需求，设计下垂系数 D_Q。对于无功惯性系数 K，其在控制环路的作用反映为一次调压环节作用下输出电压指令的调整速率，可根据实际电压变化速度需求选取。与有功控制环路类似，无功功率的计算可以通过瞬时功率理论计算得到

$$Q_e=1.5(u_q i_d-u_d i_q) \tag{2-81}$$

相较于传统下垂控制的一次调压，虚拟同步发电机控制策略的无功环路控制考虑了同步发电机的电磁暂态特性，模拟了励磁调节功能。惯性环节的引入有助于电压平缓波动调节到新的稳态。惯性参数 K 灵活可变，可以适应不同功率等级和调节速度的要求。无功环路的输出值 $\sqrt{2}E$ 作为电压调制波幅值的指令值，参与后续控制计算。

结合有功控制环路计算所得相角值 θ 与无功环路计算所得电压值，可以生成三相电压调制波 E_a、E_b、E_c，如下

$$\begin{aligned} E_a&=\sqrt{2}E\cos\theta \\ E_b&=\sqrt{2}E\cos\left(\theta-\frac{2}{3}\pi\right) \\ E_c&=\sqrt{2}E\cos\left(\theta+\frac{2}{3}\pi\right) \end{aligned} \tag{2-82}$$

3. 同步控制环路设计

虚拟同步发电机控制策略对孤岛和并网运行都适用。但由于控制环节中的下垂特性，逆变器在孤岛带载运行时的电压幅值、频率与相位都与电网产生了

偏离，直接并网运行会引起冲击电流，易造成事故与元件损坏，必须采取相关控制策略，实现输出电压追踪电网电压的幅值、相位与频率，满足一定精度条件后进行并网动作，能够保证逆变器与电网的平滑对接。

频率相位同步控制器如图 2-78 所示。频率相位同步控制器的主体思路为计算出逆变器机端电压追踪电网电压所需的频率补偿量，其通过锁相与 PI 调节获取频率修正量，涉及频率与相位两个变量，转换环节较多。

当频率相位和电压幅值同步效果达到精度要求后，即可合闸，使逆变器平滑并网。值得一提的是，当成功并网后，应当切除同步控制器，将频率参考值与电压幅值参考值还原为本地人为设定值，还原逆变器的控制结构，使逆变器模拟同步发电机，根据本地电压与电网电压情况的偏差自动调节输出功率，参与电网的调节。

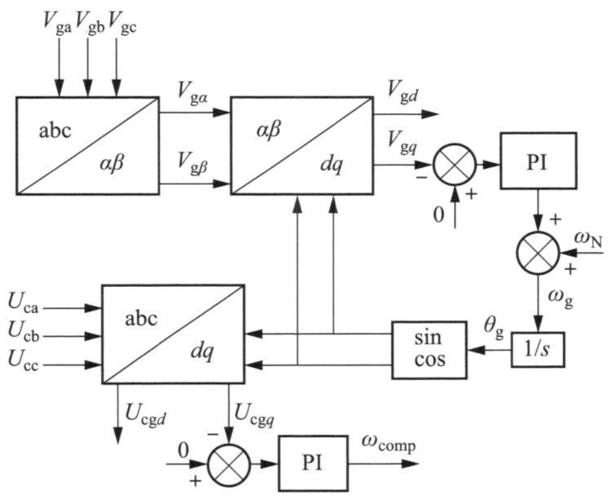

图 2-78　频率相位同步控制器

4. 电压电流控制环路设计

由前文可知，VSG 控制方法通过有功控制环路、无功控制环路直接控制输出电压及频率，实现了离并网控制方式的统一。这种准功率控制的方式，简单易行，但一定程度上失去了对逆变器机侧电压、电流的控制，无法体现电力电子控制的快速及准确性。

此外，对于三相四桥臂的拓扑结构，应当具备带不平衡负载的能力，单独的有功和无功环路无法平衡不对称负载的电压。传统电压电流双环能够快速准确控制系统的电压电流，提高系统的动态特性，并且可以通过改变双环结构对负载不平衡进行抑制。因此，本节融合虚拟同步控制及传统逆变器的控制特征，在虚拟同步控制功率环路基础上，进一步级联电压电流双环控制，改进虚拟同步的控制。

VSC 在同步旋转坐标系下的数学模型为

$$\frac{\mathrm{d}}{\mathrm{d}t}\begin{bmatrix}U_d\\U_q\\i_d\\i_q\end{bmatrix}=\begin{bmatrix}0&-\omega&\frac{1}{C}&0\\\omega&0&0&\frac{1}{C}\\-\frac{1}{L}&0&-\frac{R}{L}&-\omega\\0&-\frac{1}{L}&\omega&-\frac{R}{L}\end{bmatrix}\begin{bmatrix}U_d\\U_q\\i_d\\i_q\end{bmatrix}+\begin{bmatrix}0&0\\0&0\\\frac{U_{\mathrm{dc}}}{L}&0\\0&\frac{U_{\mathrm{dc}}}{L}\end{bmatrix}\begin{bmatrix}S_d\\S_q\end{bmatrix}\tag{2-83}$$

观察可知，在 dq 坐标系下有利于控制结构的设计。观察 d、q 轴电气量，两通道间存在耦合行为。输出电压以受控电流源的形式耦合到对方计算式中，电感电流以受控电压源的形式耦合到对方计算式中。

VSC 控制可以采用经典电压电流双环控制策略，电压电流双环控制结构如图 2-79 所示。

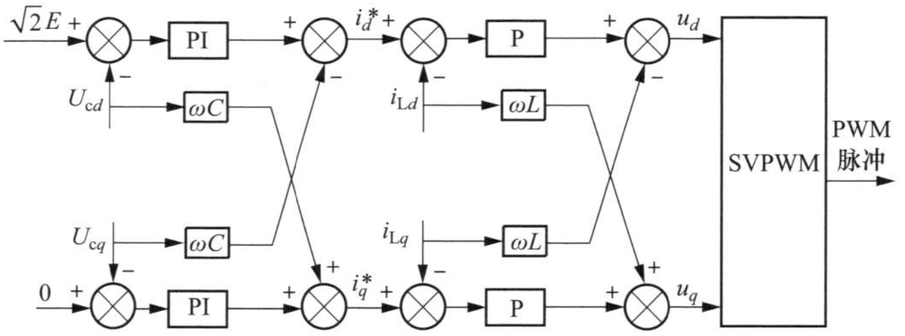

图 2-79　电压电流双环控制结构

图 2-79 中，将无功环路输出电压幅值$\sqrt{2}E$ 作为电压外环的参考指令值，与反馈过来的电容电压值进行比较，偏差经过 PI 调节后输出作为电流内环的参考指令值。该指令值与反馈的电感的电流值进行比较后经过比例环节生成电压调制波信号。最后经过调制生成 PWM 信号，驱动开关管的通断。

电压电流环采用经典的电感电流瞬时值内环与机侧交流电压瞬时值外环的双闭环控制，通过 abc-dq 坐标变换，结合 PI 调节器实现交流系统的无差调节。d 轴和 q 轴电气量间存在耦合作用，因此电压外环与电流内环中都进行了交叉解耦，电压环采用 PI 调节，电流环为单比例调节。传统三相三线制逆变器一般采用 SPWM 或 SVPWM 调制方法。采用 SVPWM 调制方法，其比 SPWM 调制方法对直流侧电压的利用率更高，且开关损耗更低。

5. 逆变模式下总体控制框图

结合以上几节对各控制环路的设计，可以得到电压源型环流器工作在逆变模式（控制有功功率）下的整体控制结构，逆变模式下整体控制结构如图 2-80 所示。首先由功率环路计算出电压幅值、频率与相角值，幅值作为参考电压值参与电压电流环的计算，相角值参与坐标变换，完成 *abc* 坐标系到 *dq* 坐标系的转化。离网情况下同步控制环节不投入运行。当收到并网需求时，启动幅值同步控制和频率相位同步控制环路，促使逆变器输出电压追踪上电网电压后合闸并网，保证冲击电流控制在小范围内。

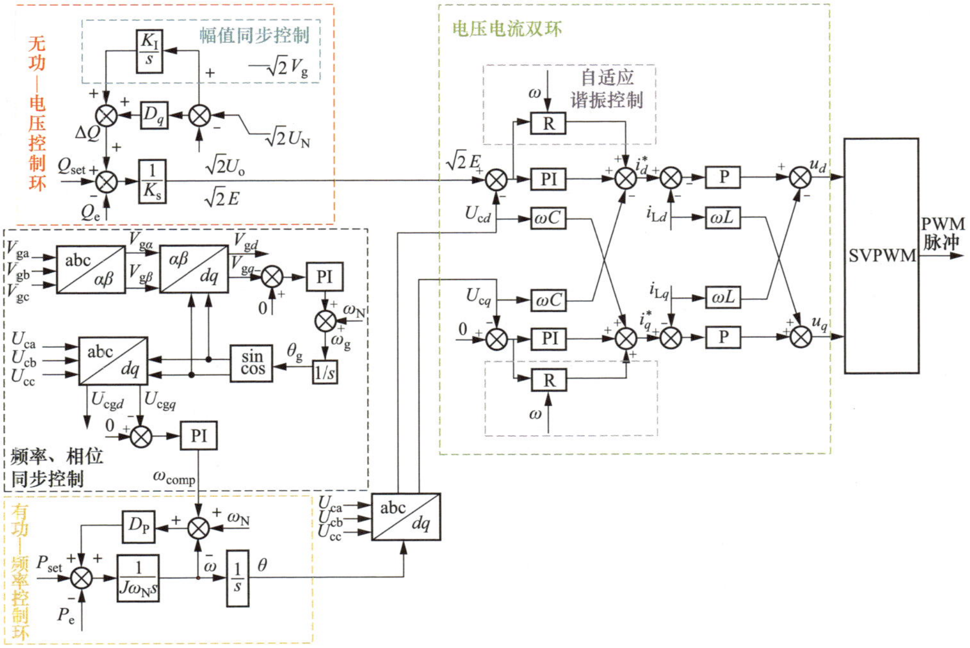

图 2-80　逆变模式下整体控制结构

当电网发生故障而停止向配电线路送电时，大量分布式电源系统和本地负荷将会因分布范围、互联关系等划分为多个随机孤岛。这不仅会破坏原有功率平衡关系，改变各分布式电源和大量本地负荷的潮流关系，还会使微网运行于负荷需求未知的孤岛环境，破坏微网原有功率平衡，威胁系统稳定性。分布式电源与故障点之间存在电压差，分布式电源还会向故障点持续输送短路电流。因此，并网导则要求在 2s 内检测到孤岛现象，并断开公共耦合点。

6. 整流模式下控制方法

逆变运行和整流运行互为逆过程，整流器的控制与前述逆变器的控制方法类似，由于需要控制直流电压，在有功控制环路中加入直流电压环，以稳定直流母线电压，整流模式下有功环路控制如图 2-81 所示。

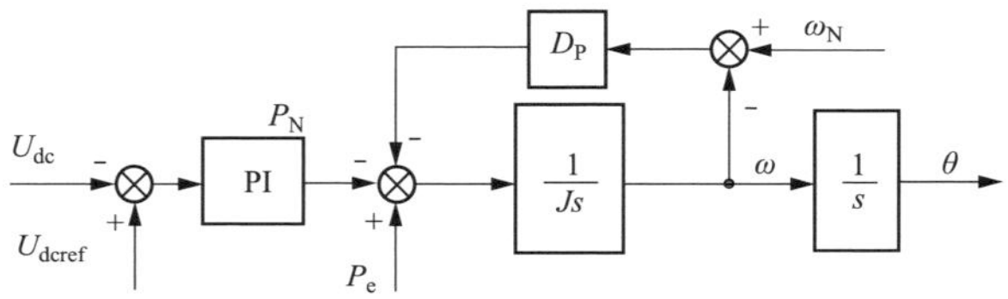

图 2-81　整流模式下有功环路控制

为了保证直流侧负荷的可靠供电，直流电压必须保持稳定，需要加入直流电压环来稳定直流侧电压，将直流侧实际的电压值 U_{dc} 和直流电压指令值 U_{dcref} 作差，经过 PI 控制器调节，输出量即作为 P_N 的值。当直流侧负载发生变化瞬间，直流电压必然发生扰动，实际的直流电压和指令值之间就会有误差，误差经过 PI 调节器会一直累积，直到实际的电压值恢复到指令值，误差累积的值即反映了功率的变化。由于整流器是并网运行，为了实时跟踪电网，额定角频率 ω_N 取电网角频率。

3 柔性互联系统设计

3.1 概述

柔性互联系统的主要组成部分：换流阀组成的换流站与开关站和交直流配电网线路等构成一次系统，配用电主站、换流阀控保系统、交直流保护测控系统、运行协调控制系统、故障自愈恢复系统和通信网络等构成二次系统。柔性互联系统采用分层分级的控制方式，对交直流配电网及内部换流站、开关站等设施进行监测、控制与故障处理。

柔性互联系统在主体换流站部署集控主站，除了对配电网进行运行监控与管理外，还与调度自动化、配电自动化和营销等系统进行信息交互。换流站基于站控层将监控信息双网汇集，通过光纤方式将区域信息送入集控主站。由于开关站的信息量比较少，可以仅在换流站部署直流监控系统，换流站和开关站设备信息及负荷侧接入信息通过单网汇集接入换流站的监控系统。

3.2 一次系统

3.2.1 系统设计原则

柔性互联系统以换流站和开关站为主体，以 SXJH 柔性互联系统示范工程为例，示范工程一次系统结构示意图如图 3-1 所示，在主变压器附近建设换流站，主变压器与换流站 AC 10kV 母线通过 AC 10kV 线路专线互连，换流站 AC 10kV 母线为一进多出，出线为换流阀提供 AC 10kV 电源或为站用变进线电源，同时换流站 AC 10kV 母线设一回母线设备柜，另外从附近引一回 AC 10kV 线路作为站用变压器进线电源，每个开关站引出一路直流出线给直流负荷供电，

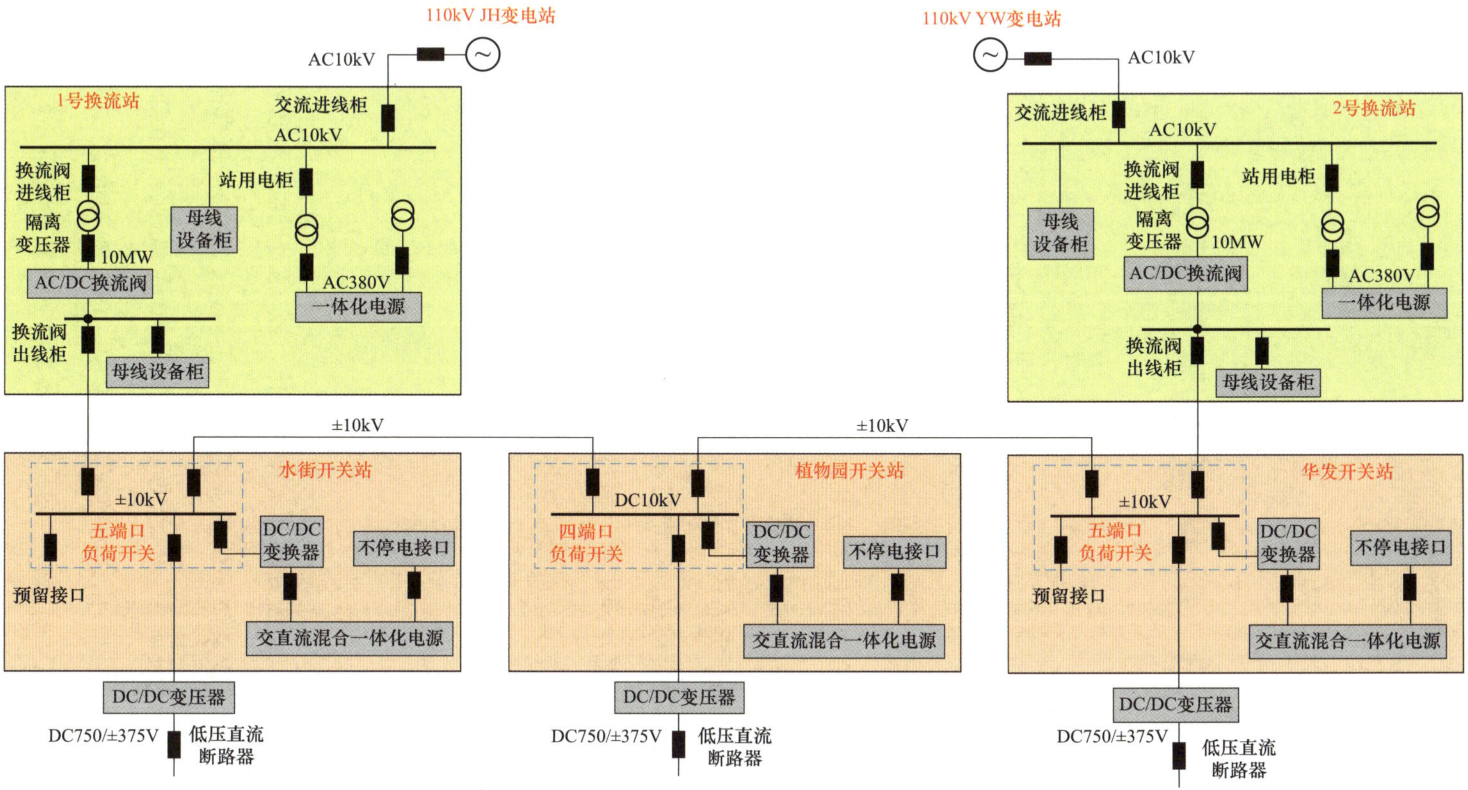

图 3-1 示范工程一次系统结构示意图

开关站之间可通过直流线路互联。

柔性互联系统的直流电压等级序列涵盖中压直流、低压直流多电压等级，根据 T/CEC 167—2018《直流配电网与交流配电网互联技术要求》、T/CEC 107—2016《直流配电电压》、GB/T 35727—2017《中低压直流配电电压导则》，电压等级的选取可采用如下分析方法：

（1）中压侧电压等级。中压直流等级导则建议参考值：±20、±10、±6、±3kV。案例分析：若交流侧接入电压等级为 10kV，直流侧电压等级需在±10kV 及以下；考虑系统容量为 10MW，±6、±3kV 无法满足供电容量要求，故中压侧采用±10kV 电压。

（2）低压侧电压等级。低压侧电压等级涵盖±1500、±750、±375V 等。案例分析：若所接入直流设备的最高电压等级为 750V，则±1500、±750V 不适用，可采用±375V 作为 DC/DC 低压侧出口电压，实现直流供电。

具体直流电压等级选取可参考表 3-1 及表 3-2。

表 3-1　　交直流互联装置容量序列推荐值

直流配电标称电压/kV	传输容量（推荐范围）/MW	交直流互联装置容量（推荐序列）/MW
±100	45～240	40、50、63、80、100、160、200、250
±50（备选）	23～62	20、31.5、40、50、63
±35	16～44	16、20、31.5、40、50
±20	8～22	8、10、16、20、25
±10	4～12	4、5、6.3、10、12.5
±6（备选）	2～7	2、3.15、4、5、6.3、8
±3	0.8～3.5	0.8、1、1.6、2、3.15、4
±1.5	0.5～2	0.5、0.63、1、1.6、2
0.75	0.2～0.8	0.5、0.63、0.8

表 3-2　　交直流互联电压

直流标称电压/kV	交流标称电压/kV
±100	110
±50（备选）	—

续表

直流标称电压/kV	交流标称电压/kV
±35	35
±20	20
±10	10
20	
±6（备选）	6
±3	3
±1.5	1.5
3	—
0.75（±0.375）	1
0.75（0.4 对应单相交流系统）	0.38（0.22 单相）

注 1. 标称电压 20kV 的单极母线结构的直流配电网与标称电压±10kV 的对称单极结构的直流配电网均可与 10kV 交流配电网互联。
2. 标称电压 3kV 的单极母线结构的直流配电网与标称电压±1.5kV 的对称单极结构的直流配电网均可与 1.5kV 交流配电网互联。
3. 标称电压 400V 的直流配电网可与单相 220V 交流配电网互联。
4. 标称电压±50kV 的直流配电网推荐采用降压变压器与标称电压 35kV 的交流配电网互联，也推荐采用升变压器与标称电压 66kV 的交流配电网互联。

3.2.2 网架及运行方式设计方案

首先，确定工程预测负荷和远景负荷，根据负荷大小，为保证供电可靠性，并根据各元素地理位置分布和实际容量，考虑在所在地区建立相应容量的一座或多座换流站，换流站进线电压为 AC 10kV，经过换流阀进线开关、换流变压器、连接线开关接至换流阀，换流变压器的阀侧经电阻柜接地，换流阀直流侧电压根据直流电压等级选取原则确定，出口处装设直流断路器，用于切断故障电流。多座换流站之间可设有多座直流开关站，直流网架可选用手拉手方式的两端型网架，开关站配置直流负荷开关，负荷开关可为多端口，端口可分别作为联络开关、提供站用电源、接用户侧直流变压器、预留换流站接入端口等。

对于换流站的换流阀运行方式，换流阀直流侧具备电压源（定直流电压）和功率源（定功率）两种工作模式，在多端直流源合环运行时，可以一台换流阀工作于电压源模式，另一台换流阀工作于功率源模式，由电压源换流阀控制直流网电压带负荷运行，功率源换流阀可接收上位机指令进行功率调节。在多端直流源开环运行时，两台换流阀均工作于电压源模式，分别控制直流电压带直流负荷运行。两种工作模式支持在线切换功能，为避免系统运行方式切换造成直流电压波动，多端电压源换流阀在直流系统合环运行状态 100ms 内不掉电。

配电网运行方式可以由不同换流站的换流阀运行方式组合确定。例如，当配电网中包含多个换流站时，其中一个换流站的换流阀工作于电压源工作模式，该换流站直流断路器、开关站的直流联络负荷开关都处于合闸状态，其他换流站换流阀处于功率源工作模式或停机状态，即以某换流站换流阀为主电源的合环运行方式，配电网运行方式一的示意图如图 3-2 所示。另外，也可以多个换流站的换流阀均工作于电压源工作模式，换流站直流断路器均处于合闸状态，开关站的直流联络负荷开关最少有 1 个处于分闸状态，即多台换流阀均为主电源的开环运行方式，配电网运行方式二的示意图如图 3-3 所示。

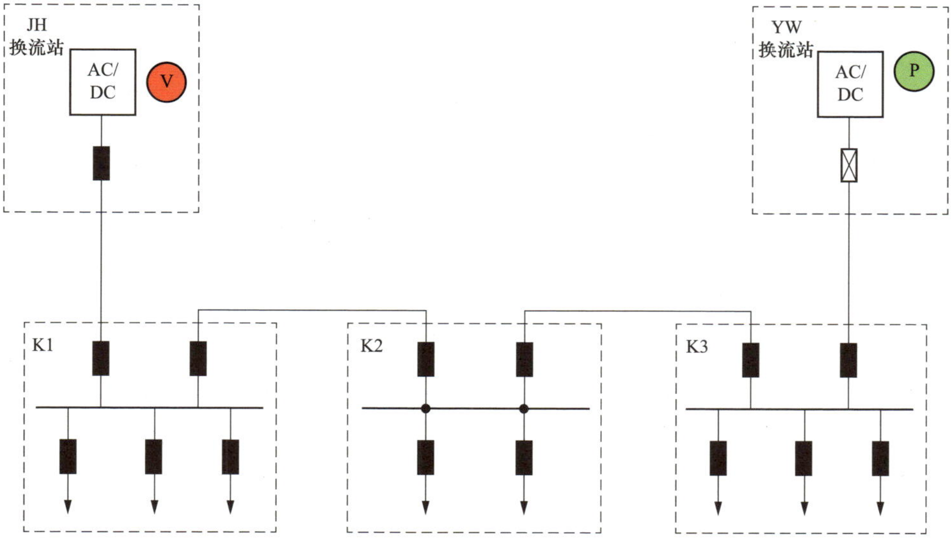

图 3-2　配电网运行方式一示意图

3.2.3　断路器及负荷开关配置方案

考虑到安全性、快速性、经济性，交流侧均选用断路器，直流侧提供直流断路器、直流负荷开关的配置方案。

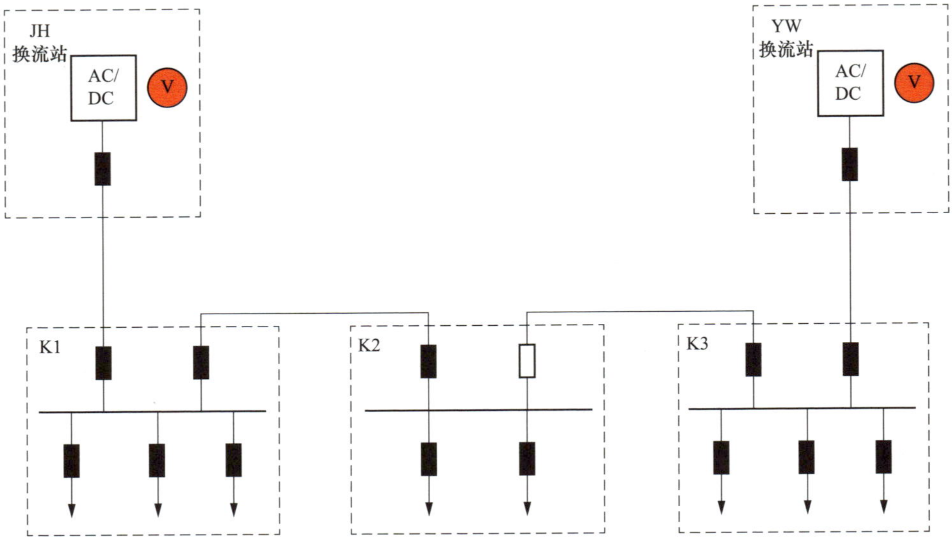

图 3-3　配电网运行方式二示意图

方案一：直流侧全配置直流负荷开关

本方案在换流站的交流侧配置交流断路器，在直流侧全部配置直流负荷开关。本方案的动作原理如下：当直流系统发生故障时，换流阀在关断脉冲后断开交流断路器，阻止交流系统通过换流阀二极管向直流系统提供故障电流，失去交流电源的换流阀随着电容的放电，故障电流会逐渐衰减到零，再由直流负荷开关切除故障线路。

该方法虽然简单经济，但会导致直流系统断电，故障隔离后直流系统重启建压时间长，无法达到未来直流配电网对故障隔离速度和可靠性的要求。

方案二：直流侧全配置直流断路器

本方案在换流站的交流侧配置交流断路器，直流侧全部配置直流断路器。本方案配置情况下，当直流系统发生故障时，直流侧保护直接断开故障区间的直流断路器，能快速地有选择地将故障隔离在最小范围内，保证非故障区域的正常供电，可大大缩短故障时间，提高直流配电网的供电可靠性。由于直流断路器要求开断的故障电流很大，对设备技术和工艺要求很高，且设备造价高，不利于工程应用中大规模推广。

方案三：直流侧配置直流断路器＋直流负荷开关

本方案在换流站的交流侧配置交流断路器，换流阀直流侧出口处配置直流断路器，直流网架上配置直流负荷开关。本方案配置情况下，当直流侧发生故障后，换流阀在关断脉冲后断开直流断路器，阻止交流系统通过换流阀二极管向直流系统提供故障电流，当故障电流消失后，直流侧保护断开故障区间的直流负荷开关，再由故障自愈恢复系统重新触发换流阀工作，并合上直流断路器，恢复直流配电网的运行。由于换流阀交流侧未断开，重启建压时间很短，不会影响供电可靠性。

该方案简单经济，系统失电时间很短，适合推广，为进一步降低投资成本，开关站可采用多端口直流负荷开关。

大多数工业及民用场景下，选取方案三作为实施方案最佳。

直流断路器的控制保护系统要求能够快速、准确判断线路的运行情况，并根据后台综自系统的指令进行动作。能够实时监测断路器自身的运行情况，能够快速准确执行控制命令，快速地判断故障并做出响应。系统一般包括以下装置：直流断路器控制主机（简称 DBC）、机械开关控制器（简称 SCU）、电力电子器件驱动器（简称 ICU）、耦合负压装置控制器（简称 NCU）、开关充电机（简称 SPU）、耦合负压装置充电机（简称 NPU）、人机操作部分。直流断路器的控制保护系统内部通信采用 HDLC 协议，运行稳定可靠、高效。

3.2.4 SXJH 柔性互联一次系统设计案例

下面以 SXJH 多端柔性互联系统的一次系统设计为案例进行具体介绍和说明。SXJH 柔性互联系统工程涉及变电站 2 座，其中 JH 变电站电压等级为 110kV，有两台主变压器，主变压器容量为 2×31.5MVA，变电站出线电压等级为 10kV，采用单母分段方式，两个主变压器 10kV 母线设置联络，10kV 出线共 21 回，当前主变压器负载率最大为 45%。目前有 2 路备用间隔，需提供 1 回 10kV 出线至 JH 换流站。

YW 变电站电压等级为 110kV，有两台主变压器，主变压器容量为 2×50MVA，变电站出线电压等级为 10kV，采用单母分段方式，两个主变压器 10kV 母线设置联络，10kV 出线间隔 20 回，当前主变压器最大负载率为 50%。目前无备用间隔，需新建间隔，并提供 1 回 10kV 出线至 YW 换流站。

通过工程规划，SXJH 区域内将构建柔性互联直流配电网系统，为满足 SXJH 区域远景区域供电需求，建设两端手拉手环形网架。远景可拓展为多端环型，接入 SXJH 区域内分布式电源、储能及充电桩、直流路灯等多种直流负荷。

根据负荷预测情况分析结果，计划在区域内建设换流站 2 座，作为区域内的电源支撑，建设负荷中心，根据负荷位置均衡分布，由直流开关站引出馈线，至各分布式电源点及负荷点直流配电房，构建直流配用电系统。系统接入示意图如图 3-4 所示。

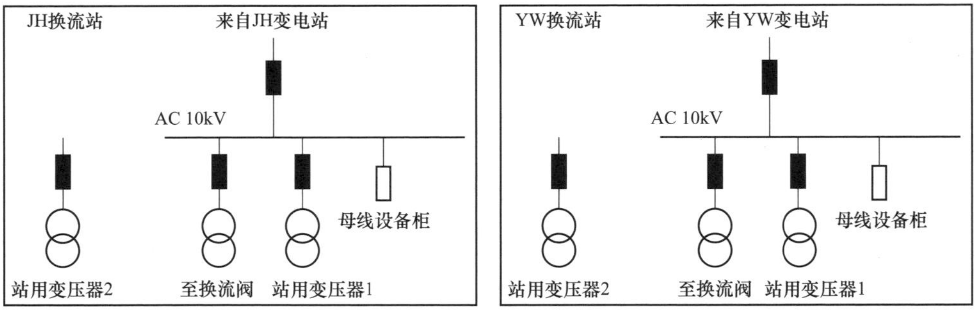

图 3-4　系统接入示意图

该工程在 JH 变电站附近建设一座换流站——JH 换流站，JH 变电站与 JH 换流站 AC 10kV 母线通过一回 AC 10kV 线路专线互连，JH 换流站 AC 10kV 母线为 1 进 2 出，一回出线为换流阀提供 AC 10kV 电源，另一回出线为站用变压器进线电源，同时 JH 换流站 AC 10kV 母线设一回母线设备柜，另外从附近引一回 AC 10kV 线路作为站用变压器进线电源；在 YW 变电站附近建设一座换流站——YW 换流站，YW 变电站与 YW 换流站 AC 10kV 母线通过一回 AC 10kV 线路专线互连，YW 换流站 AC 10kV 母线为 1 进 2 出，一回出线为换流阀提供

AC 10kV 电源，另一回出线为站用变压器进线电源，同时 YW 换流站 AC 10kV 母线设一回母线设备柜，另外从附近引一回 AC 10kV 线路作为站用变压器进线电源。新建 10kV 专线线路每回采用 2×ZR-YJV22-8.7/15-3×400 电缆，站用电进线线路采用 ZR-YJV22-8.7/15-3×70 电缆，换流阀电压等级 AC 10kV/DC ±10kV，容量为 10MW。中压侧采用±10kV 电压，低压侧采用±375V 作为 DC/DC 低压侧出口电压，实现直流供电。

该工程为 10kV/10MW 换流站，考虑到工程整体设计包含直流断路器和直流平波电抗器，且半桥结构具有更高的运行效率，因此选择半桥结构的 MMC 换流阀。JH 换流站（H1）配置 1 套单端口直流断路器，额定直流电压 10kV，额定直流电流 1000A，额定开断电流 15kA。JH 换流站（H2）配置 1 套单端口直流断路器，额定直流电压 10kV，额定直流电流 1000A，额定开断电流 15kA。

3.3 二次系统控制部分

3.3.1 系统设计原则

柔性互联系统的二次系统控制部分整体共划分为三层：集中决策层、区域分布控制层和设备控制层。

1. 集中决策层

集中决策层位于集控中心，其收集来自柔性互联系统中各个换流站和开关站的运行监控数据和区域协调控制数据，并作为运行控制系统，负责各个区域的整体协调控制。集中决策层收集区域分布控制层的总体数据，对区域配电网的运行情况、控制模式、可调容量等进行分析，正常运行情况下通过下发关口指标类策略控制该区域的运行方式、控制模式、关口交互功率等；故障情况下由区域分布式控制层完成故障判断和隔离。

2. 区域分布控制层

柔性互联系统换流站区域的就地监控系统收集配电单元、开关柜、变压器等一次设备，以及保护、测控、对时、故障录波装置、智能辅助、一体化电源等二次设备的数据，基于运行控制形成稳定可靠的电源点。开关站区域的就地监控系统收集站内开关柜等一次设备，以及保护、测控、对时、故障录波装置、一体化电源等二次设备的数据，形成柔性互联系统的网架结构。各配电房区域的就地监控系统收集配电单元、开关柜、站用电交直流双向变流器、交/直流负荷等一次设备，以及保护、测控、对时、故障录波装置、智能辅助、一体化电源等二次设备的数据，通过运行控制形成稳定可靠的电源接入点。

根据电力二次系统的特点与信息安全防护原则，将就地监控系统生产控制大区划分为Ⅰ区数据和Ⅱ区数据，其中Ⅰ区传送实时数据、Ⅱ区传送非实时数据，视频信息通过管理信息系统（management information system，MIS）交换机单独上传。

3. 设备控制层

设备控制层位于柔性互联系统内的单体或成套一二次设备，其中包括 AC/DC 换流阀、DC/DC 变流器、交流保护测控设备、直流保护测控设备、运行协调控制设备、就地稳定控制设备、直流储能、直流充电桩、直流光伏、直流负荷（居民负荷、商业负荷、工业负荷）、辅助设备（站内电源、故障录波、电能计量、智能辅助设备、时钟、新风系统）等，为区域分布式控制层提供数据采集与控制接口。

柔性互联系统对故障隔离的选择性、灵敏性及快速性等有很高要求，原因是柔性互联系统仍面临许多问题，如系统短路容量小、故障特征持续时间短、系统惯量小等。因此，柔性互联系统需要高性能的继电保护，为此，二次系统在设备层将交直流换流阀、直流变压器、直流保护装置、直流运行协调控制系统、过程层交换机等组成过程层面向通用对象的变电站事件（generic object oriented substation event，GOOSE）通信网，进行全网通信建模，通过时序控制，实现多个电源点合解环操作，故障定位、隔离与自愈等功能，以保障柔性互联系统的安全稳定运行。

3.3.2 集控主站配置方案

集控主站系统是配电自动化系统的一个扩展，其作用主要在于辅助调度人员进行配电网调控，以保障配电网的安全可靠运行。分布式电源、电网设备、分布式储能、柔性负荷设备状态数据和运行数据，通过分布式控制层从下而上送到主站层，经过主站的集中决策，将控制命令经过分布式控制层的监控系统从上而下到达设备层，完成分布式电源功率预测、柔性负荷预测、可调度容量分析、协调控制策略优化等，有效提高配电网对可再生能源的消纳能力，降低电网峰谷差，提高设备利用率，降低配电网损等，提升电网的安全可靠运行水平和经济性。集控主站系统架构图如图 3-5 所示。

集控主站系统硬件架构采用双机双网结构，主要硬件设备采用冗余配置，避免单点硬件故障导致系统瘫痪，保证系统能够隔离故障而不影响其他各节点的正常运行，并保证故障恢复过程快速而平稳。系统软件均采用了组件化、模块化部署，因此系统硬件可根据接入数据的规模、分析计算的复杂度及业务需要进行弹性部署，按需增减硬件资源。

集控主站系统服务端主要配置数据库服务器、无线采集服务器、光纤采集服务器、监视分析服务器、优化决策服务器、对外接口服务器、互联网通信服务器、安全接入服务器等设备。客户端配置换流站工作站和报表工作站。

集控主站系统软件架构综合考虑了多层级架构、多业务组件、多类型能源、多数据类型、多接入规约等特征，分为平台软件层、服务层、采集交互层、监视控制层、优化决策层。

（1）平台软件层包括操作系统软件与数据库软件。

（2）服务层提供数据库服务、告警服务、用户权限管理、人机界面、报表等共性服务。

（3）采集交互层的主要功能为数据采集、信息交互接口，为监视控制层和优化决策层提供数据支撑。

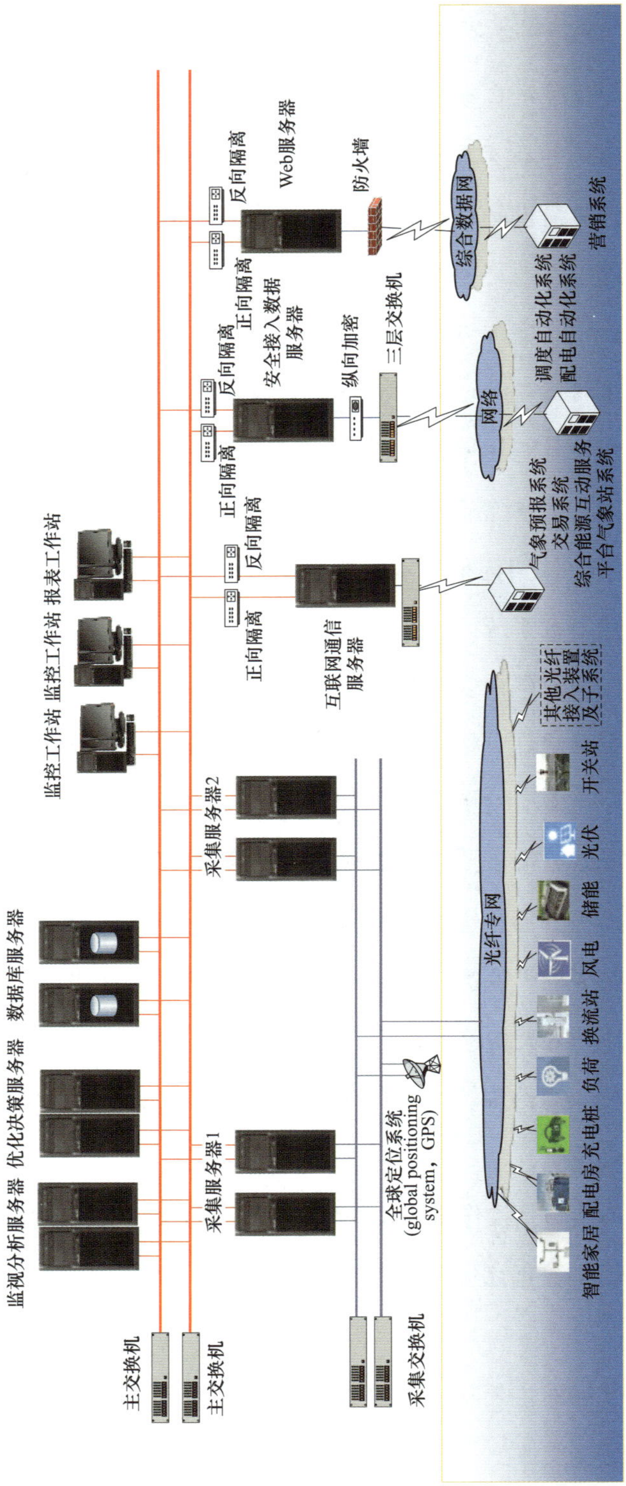

图 3-5 集控主站系统架构图

（4）监视控制层包含新型设备模型设计与管理、新型设备图形元件展示、各层运行状况实时监视、异常告警、遥控等功能，从采集交互层获取数据，为优化决策层提供模型数据支持。

（5）优化决策层包括拓扑分析、可调裕度分析、负荷预测、协调优化控制、配电智能运行、目标设置等功能。

集控主站系统除满足自身数据采集、协调控制等功能外，还需要与各外部系统及内部子系统进行信息交互，信息交互内容及方式如下。

（1）调度自动化系统：集控主站系统需要从上级调度系统获取离网指令及计划数据，同时需要向上级调度系统发送重要实时数据、区域可调节裕度、日前计划、重要异常告警、并网请求，其中实时数据、区域可调节裕度等数据通过 IEC 60870-5-104:2006《遥控设备和系统　第 5-104 部分：传输协议　使用标准传输轮廓的 IEC 60870-5-101 所列标准的网络存取》或 DL/T 476—2012《电力系统实时数据通信应用层协议》传输，计划数据需要以标准 E 格式文件方式发送。

（2）配电自动化系统：源网荷储协调控制系统需要从上级配电网系统获取区域内馈线、台区的实时数据，其中实时数据通过 IEC 60870-5-104:2006《遥控设备和系统　第 5-104 部分：传输协议　使用标准传输轮廓的 IEC 60870-5-101 所列标准的网络存取》传送。

（3）营销系统：集控主站系统需要从上级用电信息采集系统获取区域内低压用户的用电情况和低压线路状态，其中准实时数据通过 WebService 方式传送。

（4）换流站就地监控系统：集控主站系统需要从站内监控系统中获取换流阀成套设备的运行信息，换流站就地监控系统需要能接收并执行集控主站系统下发的控制指令，通信方式为光纤通信，通信规约采用 IEC 60870-5-104:2006《遥控设备和系统　第 5-104 部分：传输协议　使用标准传输轮廓的 IEC 60870-5-101 所列标准的网络存取》。

（5）开关站就地监控系统：集控主站系统需要从站内监控系统中获取站内设备的运行信息，开关站就地监控系统与换流站就地监控系统共用，接收并执行集控主站系统下发的控制指令，通信方式为光纤通信，通信规约采用 IEC 60870-5-104:2006《遥控设备和系统　第 5-104 部分：传输协议　使用标准传输轮廓的 IEC 60870-5-101 所列标准的网络存取》。

（6）配电房就地监控系统：集控主站系统需要从站内监控系统中获取站内设备的运行信息，开关站就地监控系统需要能接收并执行集控主站系统下发的控制指令，通信方式为光纤通信，通信规约采用 IEC 60870-5-104-2006《遥控设备和系统　第 5-104 部分：传输协议　使用标准传输轮廓的 IEC 60870-5-101 所列标准的网络存取》。

3.3.3　换流站就地监控配置方案

换流站就地监控系统的系统架构图如图 3-6 所示。换流站就监控系统根据范围设备与数据类型划分为Ⅰ区、Ⅱ区，分别收集换流站配置的一、二次设备及辅助系统的数据，并进行控制。就地监控系统按照无人值守模式进行建设，采用单网方式组网，组建站内制造报文规范（manufacturing message specification，MMS）网络实现对侧变电站、站内公用测控装置、站内换流阀和控保装置等Ⅰ区数据信息集中汇集，并将数据转发至运行控制器（能量管理系统）、就地监控，运行控制器既可以作为Ⅰ区远动机，将区域实时数据转发给集控中心的能量管理系统（主站），又可以作为就地协调控制器，在主站不干预的情况下，保证区域换流站的稳定优化运行及内部协调控制。就地监控后台收集实时与非实时数据，可监视站内设备、装置及系统的运行情况，展示该区域的运行方式、执行策略与相关数据，在紧急情况下可进行开关分合闸、设备启停，以及模式切换与功率控制操作，辅助运行，以及检修人员进行操作。

在换流站、开关站设置站内 MMS 交换机，收集站内设备信息及用户侧负荷实时数据。各站点信息汇集，加密后统一上送集控中心主站，由主站对各站点

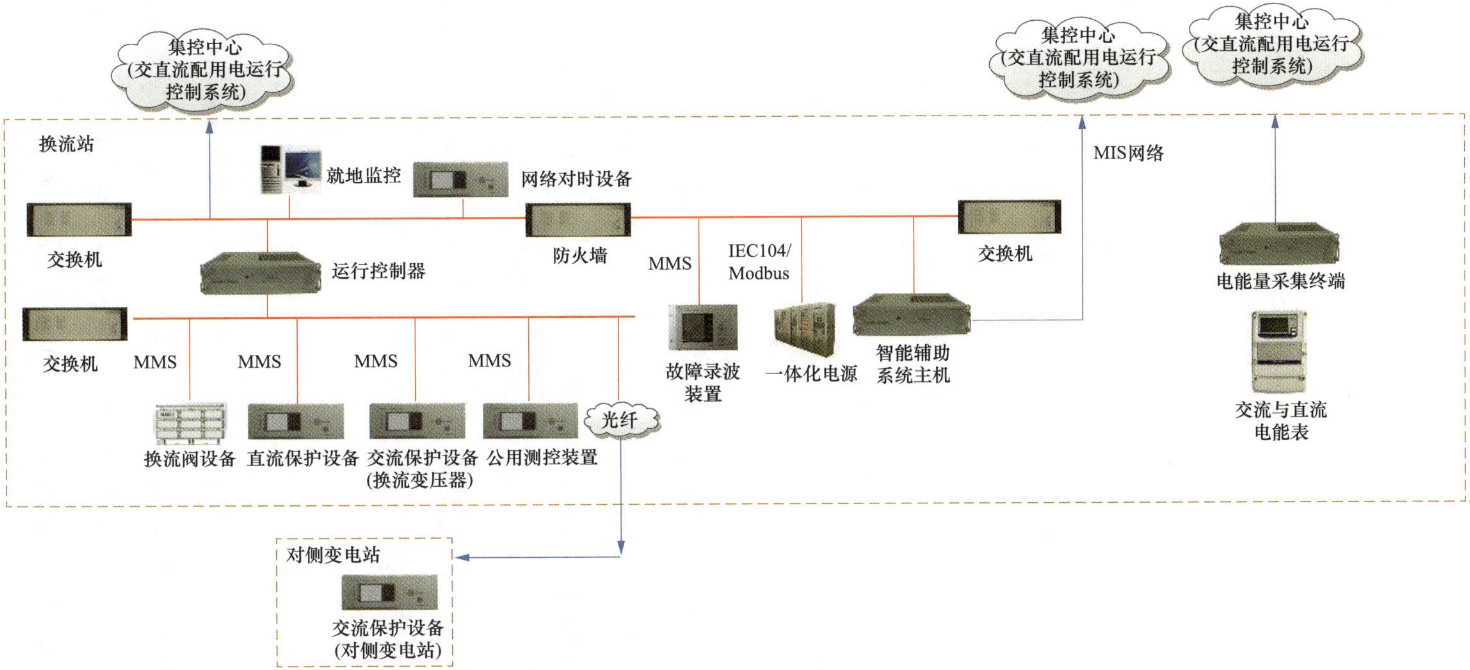

图 3-6　换流站就地监控系统的系统架构图

信息进行统一观测、管理。同时各站点间配置GOOSE交换机，将测控保护装置、就地协调控制装置、DC/DC装置、AC/DC装置通信连接，实现快速协调控制及故障自愈。

1. Ⅰ区数据

（1）能量管理系统（主站）：通过点对点光纤接入集控中心的能量管理系统Ⅰ区网络交换机，采用IEC 60870-5-104-2006《遥控设备和系统　第5-104部分：传输协议　使用标准传输轮廓的IEC 60870-5-101所列标准的网络存取》进行通信，发送全站的关键四遥数据及就地运行控制数据，接收关口指标类策略与控制指令。

（2）AC/DC换流阀成套设备：站内设备，通过网线连接到站内Ⅰ区MMS交换机，采用IEC 61850-MMS规约进行通信，收集AC/DC换流阀成套设备（内部集成柔直系统的一、二次设备数据后统一转发）数据，并对其进行启停、模式切换、功率调节等控制。

（3）交流保护设备（外部变电站）：站外设备，通过点对点光纤接入，一方面接入站内实时通信交换机，采用IEC 61850-MMS规约进行通信，另一方面与站内交流保护装置进行光纤差动保护点对点通信，完成保护功能。

（4）交流保护装置、直流保护装置、公用测控装置：站内设备，通过网线连接到站内Ⅰ区实时通信交换机，采用IEC 61850-MMS规约进行通信，收集开关、设备状态、故障信息、保护信息，以及实时电压、电流与功率数据等，并对其进行控制。

2. Ⅱ区数据

（1）故障录波装置：站内设备，通过网线连接到站内Ⅱ区实时通信交换机，采用IEC 61850-MMS规约进行通信，收集故障录波装置的实时数据以及故障启动数据等。在发生故障录波情况由运维人员到站内离线拷贝故障录波相关文件。

（2）交直流电能表：站内设备，由电能量采集终端收集站内所有交直流电能表的电能表数据后通过点对点光纤传送到站内二区交换机，经过调度数据网上传到业务平台，同时在站内由电能量采集终端再建立一路通信通道，通过 IEC 60870-5-102 规约上传数据给就地监控主机。

（3）一体化电源：站内设备，通过网线或者 RS-485 通信线直接连接到站内Ⅱ区站控层交换机，采用 IEC 60870-5-104:2006《遥控设备和系统　第 5-104 部分：传输协议　使用标准传输轮廓的 IEC 60870-5-101 所列标准的网络存取》或者 MODBUS 规约进行通信，收集一体化电源数据。

（4）智能辅助系统：站内设备，由智能辅助系统主机收集站内所有门禁系统、消防系统、视频监控系统、环境监控系统的数据后连接到站内Ⅱ区数据交换机，之后经由点对点光纤传送到集控中心的Ⅱ区交换机，经过 MIS 的通信网络上传到业务平台。

3.3.4　通信部署配置方案

集控主站部署在管理信息区，配备互联网通信服务器，用于互联网信息发布，并通过互联网与部分外部系统进行信息交互，互联网通信服务器与系统主干交换机之间需加装正反向隔离装置。

集控主站与调度自动化系统、配电自动化系统、营销系统等生产控制区系统之间的信息交互需配备专用的安全接入数据服务器。安全接入数据服务器在调度数据网入口的纵向边界，配备电力专用纵向加密认证装置，实现双向身份认证、访问控制和数据加密。纵向加密认证装置的隧道配置策略细化至 IP 地址和服务端口，保证与主站的数据通信均为加密状态，并全面关闭不必要的服务和端口。纵向加密认证装置必须使用调控机构签发的调度数字证书，并接入调控机构网络安全管理平台。

集控主站在接入泛在智能无线专网之前需经过安全防火墙，防火墙的安全策略应采用白名单方式，禁止开启与业务无关的地址和服务端口。

就地化集控主站远动通道采用调度数据网方式传输，上传至市调度。远方电能量计量通道采用调度数据网络方式传输。视频监控信息通过 MIS 网三层交换机上传至远方主站。

系统过程层通信组网方案图如图 3-7 所示。通过组建站内通信网络，将柔性互联系统换流站、直流开关站和用户侧信息上送至就地化集控主站，经就地化集控主站的调度数据网设备上传至市调度。

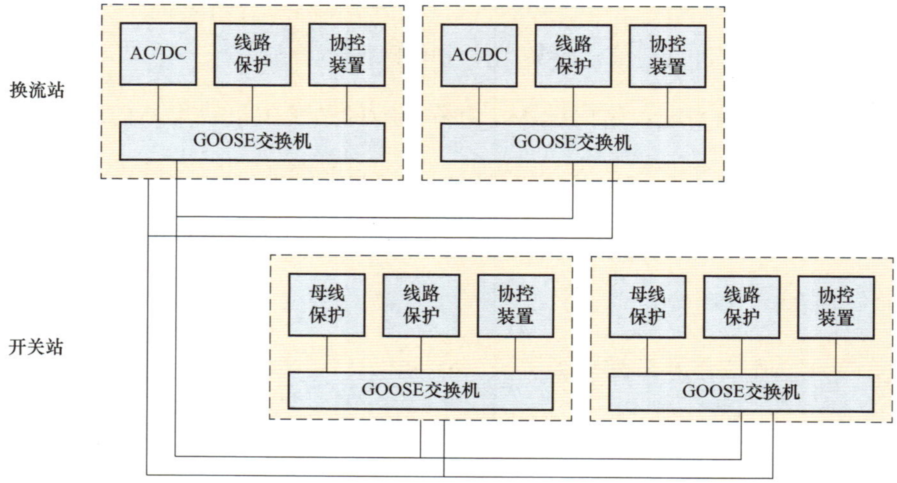

图 3-7　系统过程层通信组网方案图

通过 GOOSE 通信与各个设备高度配合，实现合解环操作、运行方式切换，以及故障隔离与自愈等功能。基于 IEC 61850《电力自动化的通信网络和系统》系列标准的 GOOSE 机制进行通信建模，通过 AC/DC 换流阀、DC/DC 直流变压器、直流保护、过程层协调控制设备的通信组网，通过精准的时序控制，实现对配电网的运行方式切换、故障自愈重构。

换流站 AC/DC 换流阀、线路保护装置、过程层协调控制装置通过 GOOSE 交换机进行汇集，开关站的线路保护装置、母线保护装置、过程层协调控制装置通过 GOOSE 交换机进行汇集后，通过光纤连接到两端换流站通信系统。

3.3.5　运行控制方案

柔性互联系统的区域运行控制根据系统运行方式及功能需求，通过策略配置实现系统的电压控制、功率控制等功能。区域运行协调控制设备按区域进行功能配置，主要包括黑启动与停机控制、运行方式控制、功率调节控制、能量管理及潮流优化控制等功能，实现配电网整体的优化运行。

(1) 黑启动与停机控制：运行控制系统通过合理设置系统各个设备的启动与停机逻辑，根据需要的时候控制系统各个设备的启动与停机控制，实现整个系统的投入投出。

(2) 联络线功率控制：运行控制系统接收到主站的联络线功率指令后，通过对区域内发电单元、储能单元、可控负载的功率进行调节，实现联络线关口功率平滑输出，保障直流系统的稳定运行。

(3) 能量管理及潮流优化控制：运行控制系统可以根据预定的优化目标，配合主站的高级应用功能，实现系统的能量管理及潮流的优化控制，实现系统的最优运行方式。

柔性互联系统的运行控制一般采取分层的形式，其中包括系统级控制和换流站级控制，系统级控制主要用来确保功率平衡和电压稳定，换流站级控制实主要用来确保各个换流站与上级运行指令保持同步，并对运行点进行及时的调整。由系统级控制、换流站级控制与调度级控制就组成了交直流混合配电网的调度控制系统。其中，系统级控制可以深入分为一次和二次控制层。二次控制层能够对一次控制中的错误信息进行清除，从而实现系统的优化运行。

系统级一次控制是依靠对各个换流站之间的控制模式进行设置来实现的，主要包括主从控制、电压偏差控制和下垂控制等。其中电压偏差控制模式及下垂控制模式具备更强的可靠性和更广的运行范围，所以受到广泛的肯定。

矢量控制是实现换流站级控制所采用的主要技术方式，由坐标变换功能使 abc 坐标系转为 dq 坐标系，以达到直接控制有功、无功功率的效果。常见的矢量控制形式是在比例-积分控制器的应用基础上所设计出来的。该类控制器在运行中存在因运行点变化过大而造成控制效果不稳定的缺陷，针对此情况，很多研究对其进行了改良，以不断完善控制效果。此外，有研究受到 VSC 变流器的非线性数学模型的思维启发，发明出非线性控制策略，这种策略不会因某一个运行点发生改变而影响控制器的整体效果，从而实现更加优化的控制效果。

交直流混合配电网的关键设备是交流部分和直流部分的接口装备，即 VSC 型 DC/AC 接口变流器。接口变流器的具体结构可以有多种选择，如两电平、三电平、模块化多电平等。无论采用哪种结构，在系统级应用和控制策略上都可以统一起来。

作为交流配电网和直流配电网的接口单元，VSC 变流器使得多个交流馈线构成了闭环解耦结构，为配电网潮流的灵活调节奠定了基础。根据控制目的不同，接口变流器的外环控制方法分为 PQ 控制、V/f 控制和下垂控制，而 PQ 控制又有 VQ 控制（恒直流电压恒无功功率控制）和变流器输出电压控制等变形方式。交直流接口 VSC 主要采取的控制方式为 PQ 控制、VQ 控制和 V/f 控制。PQ 控制的主要作用为改变交直流间的功率流动，进而实现潮流优化等功能。

VQ 控制主要是为直流母线提供电压支撑。将 PQ 控制中的有功功率控制替换为直流母线电压控制，即可改为 VQ 控制，PI 参数也需做相应修订。实际上，直流电压的稳定是靠控制变流器与电网之间的能量传输来实现的。

V/f 控制主要为实现交流负荷的不间断供电，当某处线路发生故障而跳闸时，可通过 V/f 控制为断点下游支路负荷继续提供电压和频率支撑，其内环控制与 PQ 控制相同。恢复正常后，若要实现由孤岛模式向并网模式的切换，可在频率环增加相位差控制。在并网时，将交流电网电压的频率和幅值作为参考信号，同时投入相位差控制。

3.4 二次系统保护部分

3.4.1 系统设计原则

继电保护与安全防护措施应保证电力系统与电力设备的安全运行。柔性互联系统应装设短路故障和异常运行的保护装置，电力设备和线路短路故障的保护应有主保护和后备保护，并应有足够的远后备保护。继电保护系统应充分考虑电力电子设备的输出特性及电力电子设备自带的保护功能。

交流系统电源以同步发电机为主，而直流系统电源以电力电子设备为主，二者的短路电流大小和允许的持续时间差别较大，因此交直流系统的故障判据及保护动作时间存在差异，需要分别制定交直流场保护区域，并采用合适的保护配置方案。依据电流形态、电压等级及保护目的的不同，可以将柔性互联系统分为 4 个保护区域，为换流站交流场保护区、换流站直流场保护区、直流线路保护区、开关站保护区。

直流区域故障时换流站要根据故障类型动作。某些运行方式下，在单极短路时系统维持运行。在双极短路时系统采用闭锁换流阀，并动作直流断路器跳闸，实现故障排除。故障切除后，保护装置与控制策略配合实现供电的快速恢复。

通过对智能设备进行 GOOSE 通信建模，过程层协调控制装置通过 GOOSE 开关量订阅换流阀的工作模式以及各联络开关、母联开关的当前位置，完成当前运行方式的预充电。过程层协调控制装置根据网络拓扑关系，预置每个直流保护区域的故障自愈控制方案。

当直流线路保护装置或直流母线保护装置判断本区域故障启动后，先 GOOSE 联切换流站出线间隔的直流断路器，在判断直流断路器跳开后，保护出口，隔离开故障区域。

考虑到直流侧故障特性及电力电子设备耐受冲击的能力有限，对伪双极直流接线方式，确定“双极故障先加速跳闸，再故障隔离，最后快速恢复；单极故障无停电无闭锁隔离故障”的保护总体思路。当双极短路时，采用保护前加速策略，先断开电源，再隔离故障，最后解锁合闸恢复供电。当单极接地时，采用不停电、不闭锁的保护策略，通过联结变压器中性点避雷器击穿或投入小电阻的方式增大短路电流，满足差动保护灵敏度，并利用负荷开关直接隔离故障点。

电力电子设备配置本体保护，以保护设备安全为主要目的，并通过限流措施限制故障电流的同时，延长故障电流的存续时间，为电网保护故障识别提供足够的判别时间。在直流侧，换流站出口母线出线的直流断路器配置过电流保护，各母线配置母线差动保护，线路配置线路差动保护。

3.4.2 交流侧解合环控制方案

在故障发生后，柔性互联系统控制装置会发生低电压穿越，为确保柔性互联系统的可靠性，在低电压穿越时间内完成故障的定位和隔离后，一体化装置需要具备控制柔性互联系统变流器并离网工作模式切换的功能。低电压穿越时间内断开柔性互联系统变流器与配电网线路的连接，并控制柔性互联系统变流器转为离网运行方式的控制。系统恢复正常供电后，一体化装置进行检同期操作，并控制柔性互联系统控制装置切换到并网模式。在线路开关为负荷开关时，一体化装置可对柔性互联系统变流器发封脉冲命令。一体化装置并离网控制示意图如图 3-8 所示。

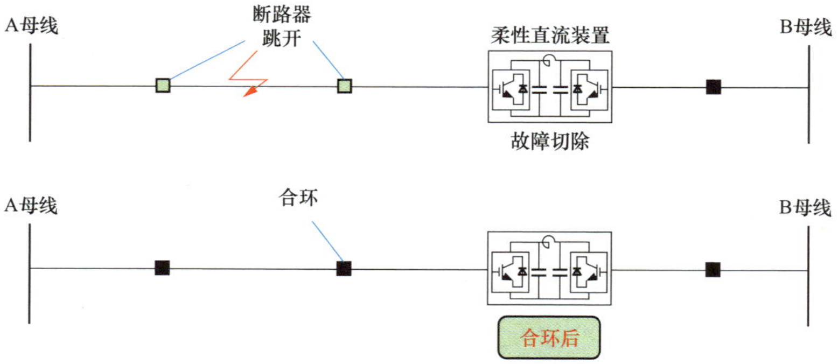

图 3-8　一体化装置并离网控制示意图

交流系统发生故障后，柔性互联系统控制装置设备需在低电压穿越时间内断开与故障点的一次连接，并转为离网运行方式，带负荷离网运行。当交流系统侧恢复正常供电后，可以选择手动和自动并网，考虑到双端电源的平滑并网，以及柔性互联系统控制装置需要从离网运行可靠切换到并网运行方式。因此，在并网时应进行同期调节控制，同时柔性互联系统控制装置切换到并网模式。

各一体化装置通过 GOOSE 组播同期调节控制指令、并网切换指令，以及开关两侧的电压、相位、频率等 GOOSE 模拟量，一体化装置自动恢复并网控制逻辑图如图 3-9 所示。

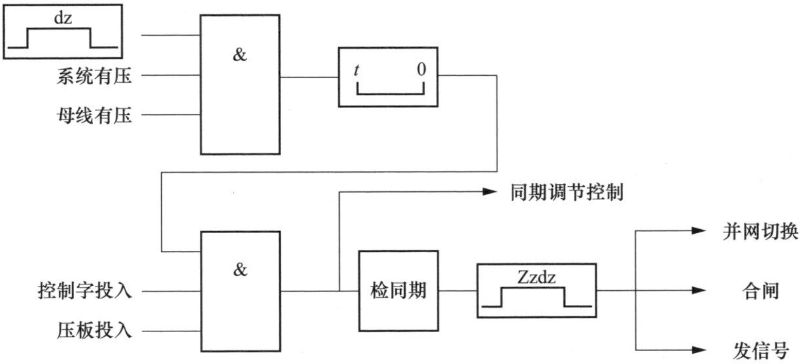

图 3-9　一体化装置自动恢复并网控制逻辑图

其中 dz 为柔性互联系统控制装置保护动作后自恢复的整组时间，在整组时间内系统恢复正常才允许自动并网。t_0 则是系统正常的确认时间，该时间应长于重合闸后加速动作时间，Zzdz 则是检同期整组时间。

3.4.3　直流侧解合环控制方案

1. 直流侧解环控制技术

柔性互联系统直流侧系统图如图 3-10 所示，直流端口稳定协调控制装置与柔性互联系统变流器、相邻侧稳定协调控制装置进行过程层组网，进行故障信息、开关量、模拟量、跳闸信号等 GOOSE 信息传递。直流稳定协调控制装置用于直流的操作控制、故障定位、故障联切控制、故障自愈和恢复。假定直流保护以柔性互联系统变流器指向负荷为正方向。

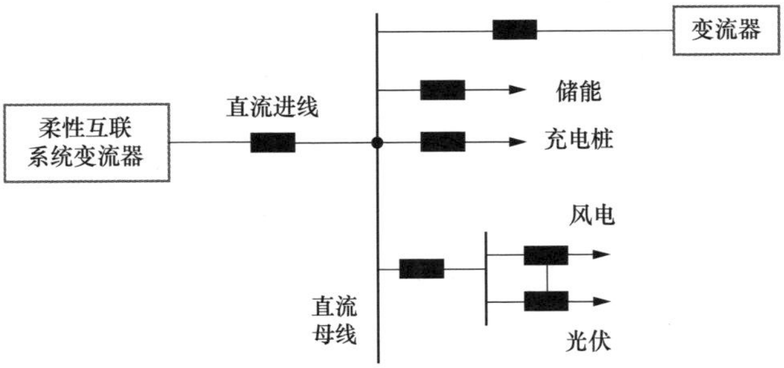

图 3-10　柔性互联系统直流侧系统图

（1）柔性互联系统直流端口与直流进线之间故障，柔性互联系统变流器直流端口封锁输出，变流器限流输出，直流进线开关直流保护反向过电流动作，跳开该断路器，直流稳定协调控制装置接收到故障信号后，定位故障区域。在判断故障开关断开后，向变流器系统发送工作模式切换命令，控制变流器系统转为电压源工作模式，带直流负荷运行。

（2）直流母线故障时，柔性互联系统直流端口封锁输出，变流器限流输出，直流进线处直流保护正向过电流动作，跳开该断路器，联络开关处直流保护反向过电流动作，跳开该断路器，直流稳定协调控制装置接收到故障信号后，定位故障区域。同时联切母线的所有电源点，在判断故障两侧开关断开后，向变流器系统发送工作模式切换命令，控制变流器系统转为电压源工作模式，带直流负荷运行。

（3）直流母线与变流器系统的联络线故障时，柔性互联系统直流端口封锁输出，变流器限流输出，联络线两侧直流保护方向过电流动作，跳开两侧断路器，直流稳定协调控制装置接收到故障信号后，定位故障区域，在判断故障两侧开关断开后，向柔性互联系统发送解除封锁输出命令，柔性互联系统解除封锁后，带中心站直流负荷运行，向变流器系统发送工作模式切换命令，控制变流器系统转为电压源工作模式，带直流负荷运行。

（4）直流稳定协调控制装置接收交流故障转供指令后，根据直流的运行方式，并结合交流Ⅰ段、Ⅱ段的失压和有压状态，实现全站失电不操作、主备电源转供、联络开关合环控制等功能。

2. 直流侧合环控制

故障排除后，由调度下发恢复命令给直流稳定协调控制装置，直流稳定协调控制装置则根据当前直流的运行方式、预期合闸开关位置，进行不同的控制。

（1）柔性互联系统直流端口投入工作：先合上直流进线，判断开关合上后，按照时序控制柔性互联系统直流端口解除闭锁输出，同时控制变流器系统转为功率源工作模式。

（2）直流母线投入工作：先合上直流母线与变流器系统的联络开关、直流进线开关，判断开关合上后，按照时序控制柔性互联系统直流端口解除闭锁输出，同时控制变流器系统转为功率源工作模式。

（3）变流器系统直流母线投入工作：控制合上直流母线与变流器系统的联络开关，控制变流器系统以功率源工作模式启动，作为热备用。

（4）直流母线与变流器系统的联络线投入工作：先合上电源联络线一侧开关，在联络线另一侧开关合闸时，按照时序控制开关合闸，同时控制变流器系统转为功率源工作模式。

3.4.4 故障隔离及恢复方案

1. 合环运行下双极短路

（1）切除故障。

1）两端换流站的变流器：线路出口处的直流断路器通过过电流保护直接跳开直流断路器，切除故障。

2）DC/DC 变换器：在发生双极短路故障时，DC/DC 变换器闭锁，并将闭锁信息发给故障恢复系统。

（2）故障隔离。

1）变流器出口至母线出线直流断路器间的线路故障由交流断路器和母线出线直流断路器动作进行隔离。

2）环网电缆故障由线路差动保护动作跳开线路两侧开关，隔离故障。

3）母线故障由直流母差保护动作隔离故障。

4）馈线故障由馈线保护动作隔离故障。

5）故障隔离后执行故障隔离的直流保护将故障隔离成功的信息发给故障恢复系统。

（3）故障恢复。

1）故障恢复系统向控直流电压侧变流器发命令，恢复极间电压。

2）中压电网极间电压恢复后，DC/DC 重启，建立低压侧极间电压。

3）DC/DC 正常向负荷端供电（此时供电恢复，先开环运行，由控直流电压侧变流器供电）。

4）故障恢复系统发令给控功率侧变流器重启。

5）控功率侧变流器建立正常极间电压后，故障恢复系统发令，给直流断路器合上开关，变流器恢复供电，合环运行模式正常运行。

2. 开环运行下双极短路

（1）切除故障。

1）换流站：换流站直流线路出口处的直流断路器通过过电流保护直接跳开直流断路器，切除故障。

2）DC/DC 变换器：在发生双极短路故障时，DC/DC 变换器闭锁，并将闭锁信息发给故障恢复系统。

（2）故障隔离。

1）变流器出口至母线出线直流断路器间的线路故障由交流断路器动作进行隔离。

2）环网电缆故障由线路差动保护动作跳开线路两侧开关，隔离故障。

3）母线故障由直流母差保护动作隔离故障。

4）馈线故障由线路差动保护动作隔离故障。

5）故障隔离后，执行故障隔离的直流保护将故障隔离成功的信息发给故障恢复系统。

（3）故障恢复。

1）故障恢复系统确认故障隔离成功，根据拓扑状态及运行方式向相应开关发出命令，进行负荷转供。

2）故障消除后，故障恢复系统向故障侧变流器发令，恢复极间电压。

3）DC/DC 变换器正常向负荷端供电。

3. 单极接地

故障发生后，由于接地电流较小，整个系统还能正常运行一段时间。

发生单极接地故障时，保护直接跳负荷开关隔离故障，负荷开关采用短延时和非过电流方式跳闸方式。

故障隔离后，由于整个系统还在正常运行，供电恢复。

3.4.5 主动式保护方案

探测式故障识别的整体功能与被动检测式保护原理一致，均基于故障电气量差异构成判据，实现故障判别等功能。与传统被动式检测原理的区别在于，在电网受扰情况下，用于探测的特征电气量由电力电子设备主动发出，探测行为本身是主动的，即利用电力电子设备的注入能力主动施加探测信号，是一种结合设备控制能力与被动式保护的协同方法，其目的在于利用电力电子设备的高可控性，提高原有被动式保护原理的可靠性和灵敏度。探测式故障识别同样适用于选线、测距、重合闸等保护动作后快速恢复系统的手段。

以单极接地故障为例，介绍主动探测式保护的相关内容。

当电力电子变压器低压侧发生接地故障时，由于系统采用接地电阻对电流进行限制，系统可以在发生故障的情况下继续运行一段时间。因此，可以通过改变控制器的控制策略，将特定频率的信号注入系统，特征信号将通过故障时间段检测故障。主动注入策略控制框图如图 3-11 所示。

主动注入谐波信号选频的基本原则是在满足注射设备性能约束的前提下，使响应特性差异最明显，实现更灵敏的检测。

从系统的角度来看，其频率应低于系统阻抗的谐振频率，以防止特征信号在系统中引起新的谐振，破坏系统的稳定性，进一步扩大故障。谐波信号频率选择在谐振频率附近，这样可以在故障电路中引起谐振，产生较大的特征电流，使故障响应特征更加明显，提高定位精度。单极接地发生后，接地故障电路可等效表示为串联 LC 电路

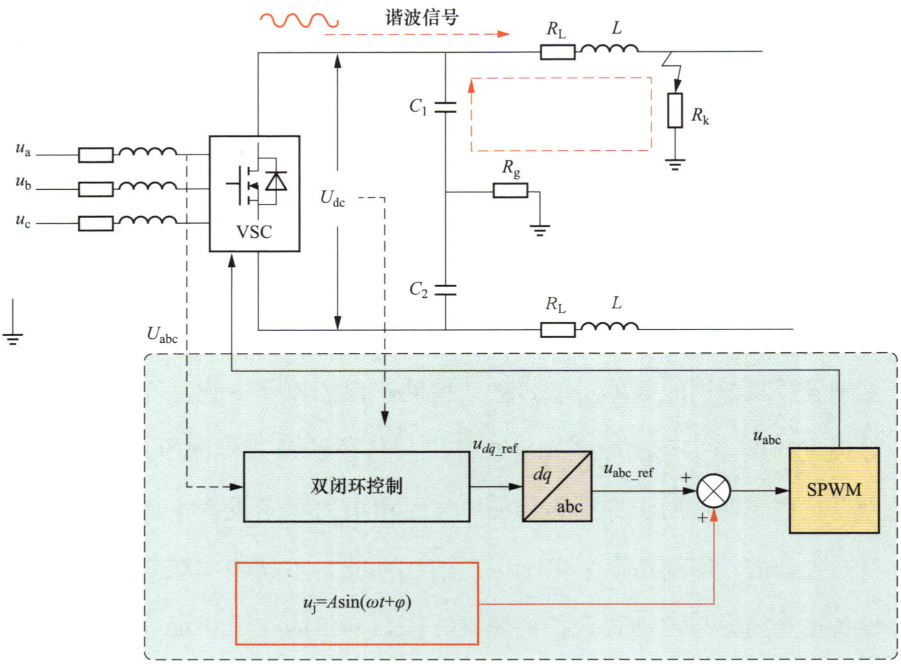

图 3-11　主动注入策略控制框图

$$f_s \approx f = \frac{1}{2\pi\sqrt{LC}} \tag{3-1}$$

式中：L 为接地故障等效电路中的电感值；C 为接地故障等效电路中的电容值；f 为等效电路的谐振频率；f_s 为系统谐振频率。

选择检测信号幅度的基本原则是，在满足测量设备检测精度的前提下，对电网造成的影响最小。根据国家标准，1.5kV 电压等级以下的电压偏差范围为 $-20\%\sim+5\%$。同时，中低压直流配电网中应配置测量精度为 0.5 的电压互感器，其信号幅值应大于额定电压的 0.75%倍，即

$$0.75\%U_{dc} < A < 5\%U_{dc} \tag{3-2}$$

式中：U_{dc} 为中压直流配电网电压值；A 为检测信号幅值。

当线路发生单极接地故障时，可以捕获 VSC 出口电容上半部分的电压和电流信号，提取谐波频率特征量进行计算。为便于分析，系统采用电网阻抗模型，系统阻抗表示为 R_L+jX_L。

对于某一频率相同的电压电流信号，线路上的阻抗 Z_{line} 可由式（3-3）求得

$$Z_{\mathrm{line}}=\frac{U_{f_s}}{I_{f_s}}-Z_s=R+\mathrm{j}\omega L \tag{3-3}$$

式中：U_{f_s} 和 I_{f_s} 分别为谐波注入点的电压和电流值；Z_s 为接地电路等效阻抗；R 和 L 为线路阻抗的电阻值和电感值。

3.4.6 继电保护配置方案

系统继电保护配置基于以下思路设计：

（1）继电保护应满足可靠性、选择性、灵敏性和速动性的要求。

（2）继电保护应能反应被保护设备或线路的各种故障及异常状态，并能动作于跳闸或给出信号。

（3）交流线路配置的保护应反应单相接地故障、相间短路故障；直流线路配置的保护应反应单极接地故障、极间短路故障、过负荷。

（4）直流保护应满足快速采样和故障特征识别能力，中压直流侧基于差动实现保护功能，配置基于系统通信的过电流保护作为后备保护，保护出口应与系统自愈恢复控制相配合。

（5）换流阀、DC/DC 变换器、直流保护等设备应支持 GOOSE 通信，建模并配置快速故障定位隔离与恢复策略。故障发生后，通过故障信号快速交互进行故障定位，实现故障区的快速隔离，快速恢复非故障区域的供电。

（6）直流侧应具备防孤岛能力，在直流侧电压源换流阀交流侧故障或失电后，通过网架拓扑识别，将功率源换流阀自动转为电压源实现负荷转供。

（7）DC/DC 变换器低压侧具备限流功能，增加系统惯性，通过快速直流保护及断路器保护实现级差配合。

（8）换流阀、DC/DC 变换器保护应考虑设备本体的承受能力，必须保证在任何运行工况下，其所保护的每一设备或区域都能得到正确保护，任一单元故障都不应造成保护误动作。

系统保护配置方案如表 3-3 所示。

表 3-3 系统保护配置方案

所属站所	保护类型	保护范围	主保护	后备保护
变电站	变电站 10kV 出线保护	变电站与换流站之间 10kV 线路	光纤差动保护	—
换流站	换流站 10kV 进线保护			—
	换流站 10kV 进线后备保护	换流站 10kV 母线及以下	过电流、零序过电保护	故障解列装置（频率异常保护，电压异常保护）
	换流站 10kV 站用电保护	站用变压器及以下	过电流	—
	换流变压器保护	换流变压器	变压器差动保护、变压器本体保护	—
	交流连接线保护	换流变压器阀侧开关与换流阀之间	过电流	—
	换流阀本体保护	换流阀内部	换流阀控保成套系统	—
	换流站±10kV 直流出口保护	换流站与开关站之间±10kV 直流联络路	直流光纤差动保护	直流线路保护（基于通信的方向过电流保护、极差保护）、电压保护（低电压保护、过电压保护、电压不平衡保护）
直流开关站	开关站±10kV 直流进线保护	换流站与开关站之间、开关站与开关站之间±10kV 直流联络线	直流光纤差动保护	直流线路保护（基于通信的方向过电流保护、极差保护）
	开关站±10kV 直流母线保护	开关站±10kV 直流母线	直流母线差动保护	—
	开关站±10kV 直流出线保护	开关站±10kV 直流出线至 DC/DC 变换器	直流馈线保护（基于通信的方向过电流保护、极差保护）	防孤岛保护（低电压保护、过电压保护）
用户侧保护	DC/DC 变换器本体保护	DC/DC 变换器内部故障	DC/DC 变换器控保成套系统	—
	低压直流进线保护	低压直流进线开关以下母线	低压直流线路保护	—
	低压直流出线保护	低压直流各馈出线	低压直流线路保护或直流断路器保护	—

3.4.7 柔性互联二次系统设计案例

下面以SXJH多端柔性互联系统的JH换流站及开关站二次系统设计为案例进行具体介绍和说明，包括控制部分和保护部分。

SXJH多端柔性互联系统的换流站功能区自动化系统的设备配置和功能，按无人值班模式设计。采用开放式分层分布式网络结构，由站控层、间隔层、过程层构成。间隔层、过程层设备按工程实际规模配置。站内监控保护统一建模，统一组网，信息共享，通信规约统一采用DL/T 860《电力自动化通信网络和系统》通信标准，实现间隔层二次设备互操作。换流站功能区自动化系统的监控范围按照DL/T 5149—2020《变电站监控系统设计规程》执行。换流站功能区自动化系统符合DL/T 860《电力自动化通信网络和系统》标准，在功能逻辑上由站控层、间隔层组成。间隔层由保护、测控、计量、录波等若干个二次子系统组成，在就地化集控主站的站控层网络失效的情况下，仍能独立完成间隔层设备的就地监控功能。过程层通过交换机组网实现换流站和开关站、配电房等站点信息交互，实现故障下系统的快速响应。

换流站就地监控层网络采用单网方式组网，站内设备传输MMS报文；站内通过Ⅰ区交换机收集站内设备Ⅰ区的实时与非实时数据，并将数据转发至运行控制器。运行控制器既可以作为Ⅰ区远动机，将区域实时数据转发给集控中心的能量管理系统（主站），又可以作为就地协调控制器，在主站不干预的情况下保证区域换流站的稳定优化运行，以及内部协调控制。站内设置Ⅱ区交换机收集站内Ⅱ区数据，Ⅱ区网络与Ⅰ区网络之间采用防火墙隔离。

站内间隔层交换机采用100M电口，站间过程层网络交换机级联端口采用千兆光口。间隔层交换机按设备室或按电压等级配置，选用24口交换机。

换流站保护测控装置及协调控制装置经过程层交换机，采集站内各类信息，并实现与其他站点的信息交互。实现故障快速恢复，过程层为双层网络架构。

自动化系统实现对柔直换流站可靠、合理、完善的监视、测量、控制、断路器合闸同期等功能，并具备遥测、遥信、遥调、遥控功能和时钟同步功能，具有与调度通信中心交换信息的能力。

（1）五防闭锁。实现全站的防误操作闭锁功能，通过上级就地化集控主站的计算机监控系统的逻辑闭锁软件，实现全站的防误操作闭锁功能，同时在受控设备的操作回路中串接本间隔的闭锁回路。柔直换流站远方、就地操作均具有闭锁功能，本间隔的闭锁回路可以由电气闭锁接点实现，也可采用能相互通信的间隔层测控单元实现。

（2）远动功能。远动信息的直采直送是保证调度中心掌握电网整体运行状况的重要原则。远动通信设备需要的运行状态数据直接来自间隔层的保护、测控、故障录波装置等设备。

（3）信号采集。自动化系统的信号采集按照 DL/T 5149—2020《变电站监控系统设计规程》执行。

（4）顺序控制。基于一体化信息平台实现准确的数据采集，包括柔直换流站内所有实时遥信量，断路器、隔离开关、接地开关等的位置，所有实时模拟量（电流、电压、功率等），以及其他辅助的遥信量。顺序控制功能应具有防误闭锁、事件记录等功能，应采用可靠的网络通信技术。

（5）继电保护故障信息管理功能。继电保护故障信息管理功能纳入换流站自动化系统统一设计，继电保护故障信息系统应能与各继电保护装置和故障录波装置进行数据通信，收集各继电保护装置及故障录波装置的动作信号、运行状态信号，通过必要的分析软件，在站内对事故进行分析。远方调度能通过自动化系统调取继电保护装置和故障录波装置定值、动作事件报告和故障录波报告、运行状态信号等。

（6）智能告警及故障信息综合分析决策。建立换流站故障信息的逻辑和推理模型，实现对故障告警信息的分类和信号过滤，对换流站的运行状态进行在线实时分析和推理，自动报告换流站异常，并提出故障处理指导意见。

（7）设备状态可视化。采集主要一次设备（变压器、断路器等）状态信息、重要二次设备（测控装置、保护装置等）的告警和自诊断信息、二次设备检修压板信息，以及网络设备状态信息，进行可视化展示，并发送到上级系统，为电网实现基于状态检测的设备全寿命周期综合优化管理提供基础数据支撑。

（8）源端维护。在保证安全的前提下，应在换流站利用统一系统配置工具进行配置，生成标准配置文件，包括换流站网络拓扑等参数、IED 数据模型及两者之间的联系。

SXJH 多端柔性互联系统的开关站功能区二次系统主要遵循以下设计原则：

（1）开关站功能区按无人值班设计。

（2）设置开关站功能区就地监控系统，并与就地化集控主站实现信息上传和命令下达。

（3）采用分层分布式的网络结构，全站分为就地监控层和间隔层，并组建过程层 GOOSE 网。间隔层、过程层设备按工程实际规模配置。

（4）区内网络按星形单网配置，划分为Ⅰ区信息和Ⅱ区信息，二者之间采用防火墙隔离。过程层采用双网控制方式，实现各站所间保护、测控装置与协调控制系统之间信息收发。就地化集控主站至就地监控层之间采用双层网络互联，通过千兆光口连接，保护装置采用“网采网跳”方式。

（5）±10kV 进出线路和母线分段采用保测一体化装置。

（6）保护、测控及故障信息能经过交换机上传至就地化集控主站。

SXJH 多端柔性互联系统换流站功能区元件保护的交流连接保护区的保护范围，主要针对换流阀组至联接变压器间的连接区域及其中的开关设备。交流连接区配置以下保护：

（1）故障解列保护（交流电压异常保护、交流频率异常保护）。用于保护交流连接区的所有设备，避免各种原因造成的过电压危害及接地故障，用于保护并联交流系统，避免控制原因造成的频率异常危害。

（2）交流过电流保护。用于保护各种原因引起的交流过电流故障、交流过载故障、零序过电流故障。

SXJH 多端柔性互联系统换流站功能区元件保护的阀侧交流连接保护区的保护范围主要针对阀侧连接区域设备，配置以下保护：

（1）连接线差动保护。用于检测此区域内的接地或相间短路故障。

（2）连接线过电流保护。用于检测线路过载故障。

SXJH 多端柔性互联系统换流站功能区元件保护的直流极保护区的保护范围主要针对换流阀、子模块设备，配置以下保护：

（1）直流过电压保护。用于保护直流连接区的所有设备，避免各种原因造成的过电压危害及接地故障。

（2）直流过电流欠压保护。用于保护直流连接区的短路故障。

（3）阀差动保护。用于检测阀组区域内的各种接地故障。

（4）桥臂过电流保护。用于检测换流阀桥臂的过电流故障，避免功率模块过电流。

（5）直流电压不平衡保护。用于检测单相接地故障电压不平衡，实现接地电阻切换。

SXJH 多端柔性互联系统的开关站功能区元件保护配置如下：

（1）±10kV 直流线路选用光纤差动保护作为主保护，方向过电流保护作为后备保护。

（2）±10kV 直流母线选用母线差动保护。

（3）±10kV 直流母联开关选用直流母联保护。

配置继电保护装置的±10kV 开关站选用微机型保护测控一体化装置，并设有通信接口。

配电房功能区元件保护及自动装置配置如下：

（1）±10kV 及±375V 采用保护测控备用电源自动投入使用装置一体化装置。

（2）直流±10kV 线路保护及测控采用保测一体化装置。

（3）多站合一站所开关站出线开关即为配电房进线开关，出线开关配置方向过电流保护。

换流站二次系统自上而下分别为主控装置、阀控装置、功率单元控制装置。

（1）主控装置的功能：主备机通信及切换控制、*DQ* 控制、环流控制、启动控制、抑制直流电流谐振控制、运行模式控制，以及换流站区内保护控制。

（2）阀控装置的功能：接收主控下发的信息，根据相关信息进行功率单元电容均压和投入模块数量计算和控制，将所有功率单元的信息上传给主控装置。

（3）功率单元控制装置的功能：接收阀控装置下发的导通关断等指令并执行，将本功率模块信息上传给阀控装置。

3.5 计量采集

3.5.1 量测设备配置

1. AC 10kV 电压互感器

10kV 交流母线设备柜安装计量电压互感器与保护电压互感器，交流电压互感器技术参数如表 3-4 所示。

表 3-4 交流电压互感器技术参数

序号	项目	技术要求
1	系统额定电压	10kV
2	最高电压 U_m	12kV
3	额定频率	50Hz
4	电压比	$10/\sqrt{3}:0.1/\sqrt{3}:0.1/\sqrt{3}:0.1/\sqrt{3}:0.1/\sqrt{3}:0.1/\sqrt{3}$
5	容量	30/30/30/30/30VA
6	绕组及准确级	0.2/0.2/3P/3P/3P
7	额定雷电冲击耐受电压，1.2/50μs（峰值）	≥75kV
8	工频耐受电压	≥42kV
9	爬电比距	≥250mm

2. AC 10kV 电流互感器

10kV 交流进线断路器配置电流互感器，技术参数如表 3-5 所示，具体容量等参数根据应用需求确定。

表 3-5　　交流电流互感器技术参数

序号	项目	技术要求
1	系统额定电压	10kV
2	最高电压 U_m	12kV
3	额定频率	50Hz
4	额定雷电冲击耐受电压，1.2/50μs（峰值）	≥75kV
5	工频耐受电压	≥42kV
6	爬电比距	≥250mm

3. ±10kV 直流电压传感器及母线合并单元

±10kV 直流母线配置电压传感和母线合并单元，电压传感分别用于采集正极、负极电压，连至母线合并单元，母线合并单元接收电压传感器采集的正、负极电压，由母线合并单元进行冗余处理后，输出给各个间隔合并单元。电压传感器及母线合并单元技术参数如表 3-6 所示。

表 3-6　　电压传感器及母线合并单元技术参数

序号	项目		单位	技术要求
1	电压传感器	型式或型号	—	电子式
2		额定一次电压	kV	±10
3		电压测量范围（30s）	kV	±25
4		准确级	—	0.5～1kV 以下，2%；1～11kV，0.2%；11～15kV，0.5%；15～25kV，1%
5		额定二次输出端口数量	个	≥3
6		二次输出协议	—	FT3，IEC 60044-8
7		趋稳时间	ms	<5
8		采样频率	kHz	≥50
9		电压传感器测量延时	μs	≤150
10	母线合并单元	数字量接入端口数量	个	≥4
11		数字量输出端口数量	个	≥20
12		数字量输入协议	—	IEC 60044-8
13		数字量输入频率	Hz	输入频率 50k
14		数字量输出协议	—	IEC 60044-8
15		数字量输出格式	—	输出频率 10kHz；24 位输出
16		数据传输速率	bit/s	≥20M
17		电压并列功能	—	支持
18		合并单元出口延时（含传感器延迟）	μs	≤500

4. ±10kV 直流电流传感器及间隔合并单元

±10kV 直流断路器、±10kV 直流负荷开关配置电流传感器和间隔合并单元。电流传感分别用于采集正极、负极电流，输出数字信号给本间隔合并单元，间隔合并单元接收电流传感器采集的正负极电流、母线合并单元的正负极电压，输出给各保护装置、测量装置、计量表、故障录波装置等设备。电流传感器及间隔合并单元技术参数如表 3-7 所示。

表 3-7　电流传感器及间隔合并单元技术参数

序号	项目		单位	技术要求
1	电流传感器	型式或型号	—	光 CT
2		准确级	—	5～30A，2%；30～50A，0.5%； 50～1000A，0.2%；1000～2000A，0.5%； 2000～7500A，3%
3		过载电流	A/ms	10000/50
4		采样频率	kHz	≥50
5		电流传感器测量延时	μs	≤150
6		二次输出端口数量	个	≥2
7		二次输出协议	—	IEC 60044-8
8		测量范围	A	10000
9		阶跃响应上升时间	μs	≤100
10		阶跃响应趋稳时间	μs	≤400
11		频率响应误差	—	50～600Hz，≤0.5% 600～1200Hz，≤5% 1200～2500Hz，≤10%
12	间隔合并单元	数字量接入端口数量	个	≥6
13		数字量输出端口数量	个	≥16
14		数字量输入协议	—	IEC 60044-8
15		数字量输入频率	Hz	输入频率 50k/10k
16		数字量输出协议	—	IEC 60044-8
17		数字量输出格式	—	输出频率 10kHz；24 位输出
18		数据传输速率	bit/s	≥20M
19		合并单元出口延时（含传感器延迟）	μs	≤500

5. 低压直流电压传感器

用户侧负荷的低压直流总出口断路器柜配置直流电压传感器，测量母线侧电压和线路侧电压。电压传感器技术参数如表3-8所示。

表3-8　电压传感器技术参数

序号	项目	单位	技术要求
1	电压测量范围	V	±1000
2	采样误差	—	0.2%
3	二次输出	mA	0～20，4～20，±20等
4	阶跃响应时间	μs	<200
5	截止频率	Hz	>10k

6. 低压直流分流器及电流传感器

用户侧负荷的低压直流总出口断路器柜配置直流分流器和电流传感器。分流器电流传感器技术参数如表3-9所示。

表3-9　分流器电流传感器技术参数

负荷	用途	分流器			电流传感器		
		一次输入/A	二次输出/mV	误差	输入/mV	输出/mA	精度
负荷1	计量	±2000	±75	0.2级	—	—	—
	保护	±1600（5倍饱和）	±300	0.5级	±300	4～20，±20	0.2%
	测量	±1600	±60	0.5级	±60	4～20，±20	0.2%
负荷2	计量	±4000	±75	0.2级	—	—	—
	保护	±3200（5倍饱和）	±300	0.5级	±300	4～20，±20	0.2%
	测量	±3200	±60	0.5级	±60	4～20，±20	0.2%
负荷3	计量	±4000	±75	0.2级	—	—	—
	保护	±2500（5倍饱和）	±300	0.5级	±300	4～20，±20	0.2%
	测量	±2500	±60	0.5级	±60	4～20，±20	0.2%

3.5.2　电能量计费系统

根据DB32/866—2005《电网关口电能计量装置配置规范》、DB32/991—2007《电能计量装置配置规范》，用电计量装置原则上应装在供电设施的产权分界处，并遵从产权分界点与计量点相一致的原则。当用户采用两个以上电源供电时，每个供电电源均应设置计量点。新能源类发电上网存在不同电价的计量点应配置两只同型号、同规格、同准确度等级的主、副电能表。各用户负荷如为单一用户接入，考虑在DC/DC低压总出线处设置计量点；如为多用户接入，考虑在低压直流各出线间隔处设置计量点，计量表采用直流表计量。

换流站 DC±10kV 出线侧配置直流计量表计，应采用具有方向或极性的仪表；换流站换流阀交流 10kV 进线侧加装计量表计；换流站站用电源交流 10kV 进线侧加装交流 10kV 计量表计。

各开关站 DC±10kV 用户负荷出线侧配置直流计量表计，站用电源 DC±10kV 出线侧配置直流计量表计，应采用具有方向或极性的仪表。

用户侧电量采集信息通过用电信息采集系统，采用电力载波或者无线网络传输方式上传至营销系统，各站房内电量采集信息通过电能量采集终端汇集，经调度数据网向计量主站传输。

4 运行管理设计

4.1 概述

配电网柔性互联系统的运行管理设计是实现系统功能的重要环节。在第3章柔性互联系统设计的基础上，本章节重点介绍柔性互联系统的运行管理和多层级协同方法。柔性互联系统的运行控制包括设备层的就地控制、系统层的统一控制、配网层的最优控制。柔性互联系统的就地控制器、协调控制器与配电网的边缘计算终端、配电主站在运行过程中，需要配合完成功率互济、故障转供、资源共享等功能，分为端端协调控制、边端协同控制、边边协同控制、云边协同控制。

4.2 运行控制架构

4.2.1 总体架构

配电网柔性互联系统运行控制架构如图4-1所示，系统控制从上到下依次为最优控制、统一控制和就地控制。

最优控制层主要实现长时间尺度的优化调度功能，基于不同时间尺度预测联合配电网能量管理系统，制定多时间尺度优化指令，以实现跨区域分层分区的分布式资源优化管控、馈线/台区均载，削峰填谷，故障馈线/台区负荷合理分配等经济运行目标。在统一控制层，柔性互联装置协调控制器通过测控单元采集柔性互联单元柜内设备（双向变流器、直流开关、直流保护），总进线断路器，以及直流侧源、荷、储的模拟量及状态量，经逻辑运算对互联系统中直流开关的开断、双向变流器间级联协调及运行模式切换进行实时控制。在就地控制层，双向变流器、储能并网变流器、光伏并网逆变器、充电桩等可控负荷根据外环接收的参考电压、功率指令进行就地侧的响应控制。

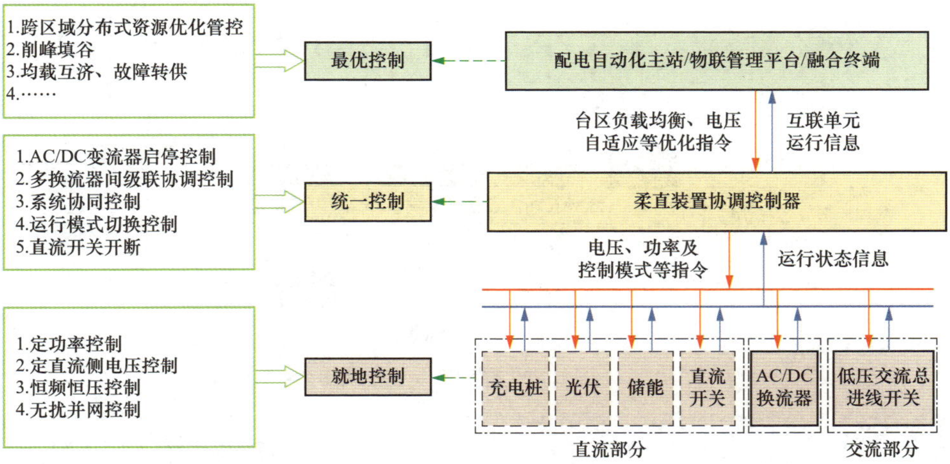

图 4-1　配电网柔性互联系统运行控制架构

4.2.2　通信及控制层级部署模式

结合现有云、边、端通信方式，提出以下三种通信及控制层级部署模式：

(1) 云—边—端通信，边—边不通信，端—端不通信：该部署模式如图 4-2 所示。最优控制层部署于云端，通过各边缘计算终端上传的馈线/台区内及跨区域的分布式资源运行状态，经逻辑运算实现馈线/台区内、馈线/台区间，以及与分布式发电资源的集群化管控，在实现馈线/台区负载均衡、故障功率合理分配的基础上，还可实现跨区域的分布式发电最大化消纳。统一控制层部署于边缘计算终端，基于边缘计算终端信息采集，对全馈线/台区内多变流器进行协调控制，同时边缘计算终端将本馈线/台区内端侧设备信息上传至云端（配电自动化主站/物联管理平台），并从云端下载相邻台区的综合信息及优化调度指令。该模式中柔性互联单元柜即作为一台新加入馈线/台区的端侧设备，仅实现就地快速响应控制。

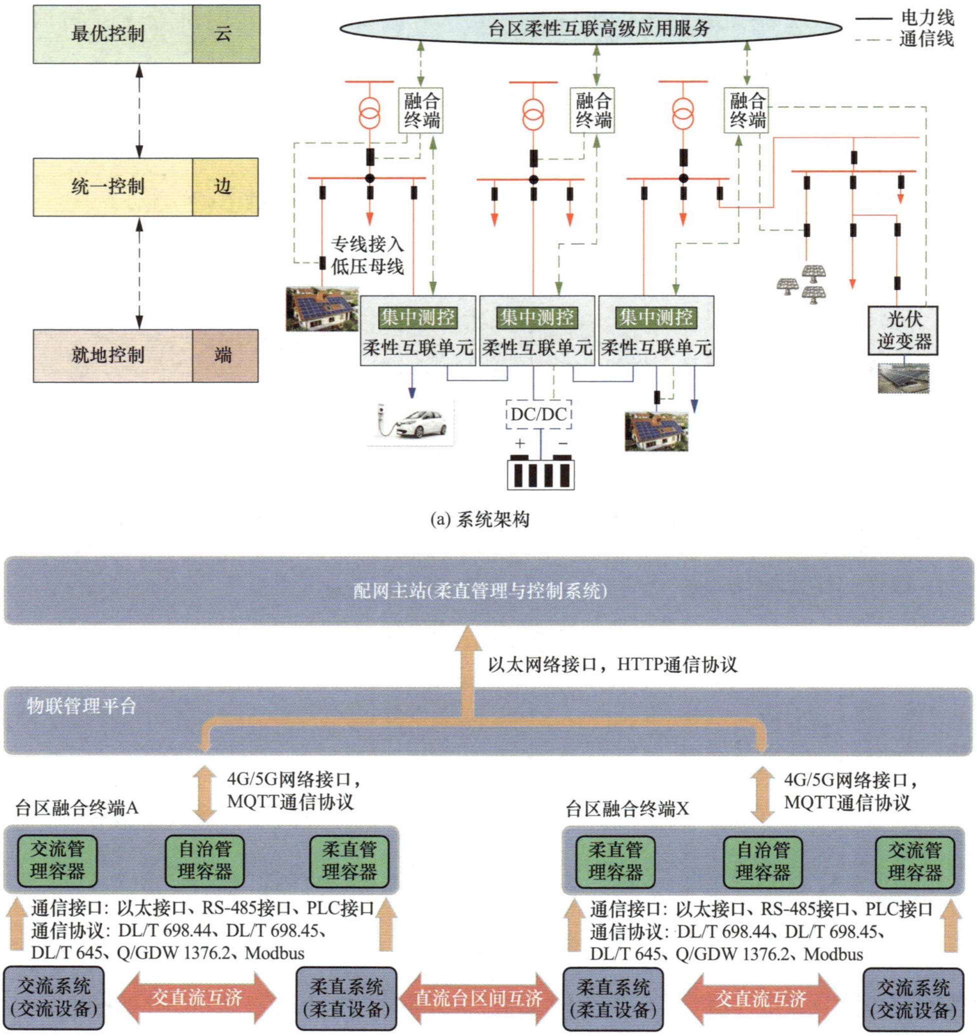

图 4-2　台区柔性互联通信架构 1

山东 BJB 台区柔性直流互联工程采用上述通信架构，综合考虑智能融合终端在线率、台区故障情况下的快速恢复供电需求，该通信及控制架构有待进一步论证。

（2）云—边—端通信，边—边通信，端—端不通信：该部署模式如图 4-3 所示。最优控制层可同时部署于云端和边端。云端通过各边缘计算终端上传的馈线/台区内及跨区域的分布式资源运行状态，经逻辑运算实现中低压分层分级的分布式发电资源的集群化管控。边端选定其中一台边缘计算终端为主终端，部署柔性互联能量管理微应用，主边缘计算终端通过与从边缘计算终端之间的边—边通信，获取互联馈线/台区的实时运行状态，信息经汇总处理及计算，再将指令分发给从边缘计算终端进行协同管控，实现馈线/台区的负载均衡、削峰填谷、故障功率合理分配等功能。

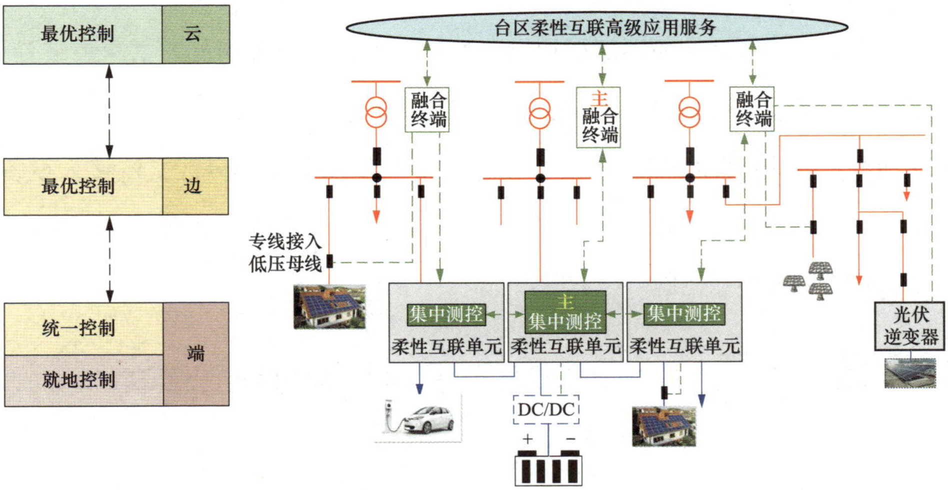

图 4-3　台区柔性互联通信架构 2

统一控制层部署于柔性互联单元内的集中测控装置，基于互联系统内部多变流器、交流开关状态，以及直流开关的状态及信息采集，实现多变流器级联协同、快速并离网切换等功能，就地控制层部署于柔性互联系统内各设备及原馈线/台区交流接入设备，柔性互联系统接入设备接收集中测控装置指令，实现就地快速响应，原交流接入设备仍受边缘计算终端控制。

福建 XY 台区共享储能型柔性直流互联工程采用上述通信架构，边—边通信采用光纤方式。

（3）云—边—端通信，边—边不通信，端—端通信：该部署模式如图 4-4 所示。最优控制层可同时部署于云端和边端。云端通过各边缘计算终端上传的馈线/台区内及跨区域的分布式资源运行状态，经逻辑运算实现中低压分层分级的分布式发电资源的集群化管控。边端选定其中一台边缘计算终端为主终端，部署柔性互联能量管理微应用，主边缘计算终端通过端侧主集中测控装置获取互联馈线/台区的实时运行状态，信息经汇总处理及计算，能量优化指令经主测控装置分发给从测控装置进行协同管理，由此实现台区的负载均衡、削峰填谷、故障功率合理分配等功能；统一控制层部署于柔性互联单元内的集中测控装置，各装置基于互联系统内部多变流器、低压交流开关状态，以及直流开关的状态及信息采集，实现多变流器级联协同、快速并离网切换等功能，主测控装置负责汇总从测控装置的信息，上传至融合终端，并接收融合终端的互联系统能量优化指令；就地控制层部署于柔性互联系统内各设备及原台区交流接入设备，柔性互联系统接入设备接收集中测控装置指令，实现就地快速响应，原交流接入设备仍受融合终端控制。

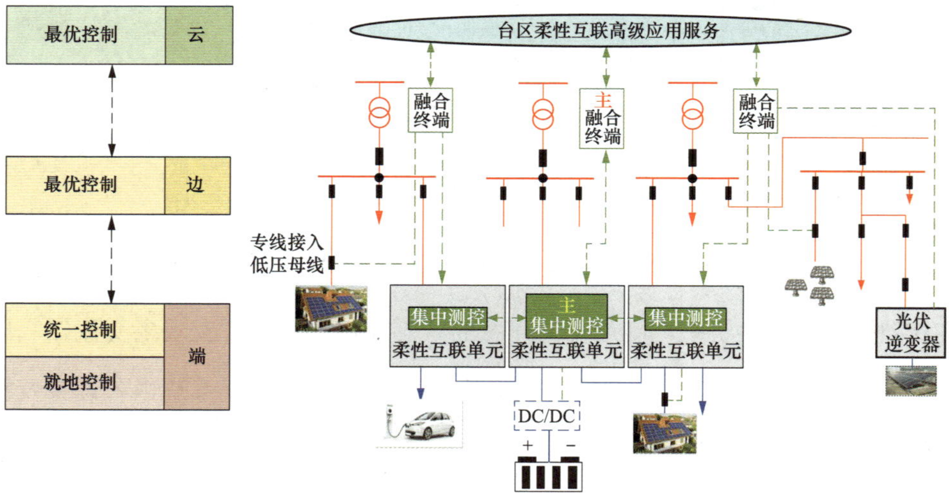

图 4-4　台区柔性互联通信架构 3

分散式互联馈线/台区间虽有较长的地理距离，但柔性互联单元内的集中测控装置可采用有线（随直流电缆敷设）、无线的方式进行通信，相关技术已经成熟，建议优先采用该通信及控制架构。福建泉州石狮沙堤村、厦门军营村等台区柔性直流互联工程采用上述通信架构。

4.3 就地自适应控制技术

4.3.1 双向变流器控制技术

1. 功率控制（*PQ* 模式）

功率控制原理如图 4-5 所示，根据设定的功率指令进行恒功率运行。对于有功功率，定义正功率为交流流向直流，负功率为直流流向交流。对于无功功率，定义正功率为感性无功，负功率为容性无功。控制策略仅包含电流控制内环。

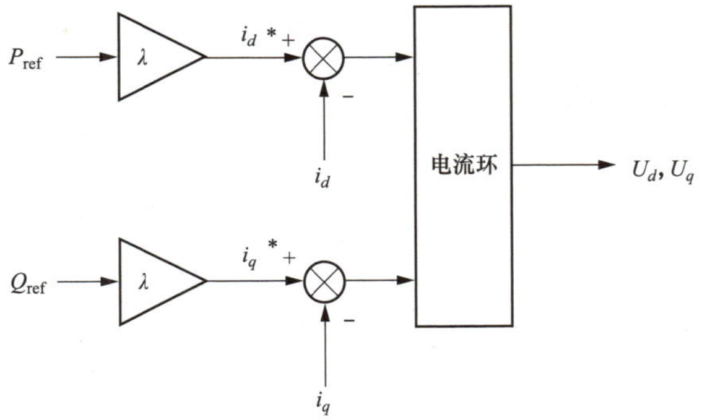

图 4-5　功率控制原理

性能指标：输出大于其额定功率的 20%时，功率控制精度应不超过 5%；响应时间（从被控制量开始突变，到装置输出达到目标值的 90%所需要的时间）小于或等于 5ms。

2. 直流侧电压控制模式（U_{dc} 模式）

直流侧电压控制原理如图 4-6 所示，可根据设定的直流电压指令进行直流侧稳压运行。控制策略包括直流电压控制外环、电流控制内环。

性能指标：直流电压的稳压精度应不超过±2%，电压纹波应不超过 2%；响应时间小于或等于 10ms。

3. 直流侧电压下垂控制模式

直流侧电压下垂控制原理如图 4-7 所示。将直流电压指令与输出功率关联，呈现输出功率变大后直流电压指令线性下降的特性关系。

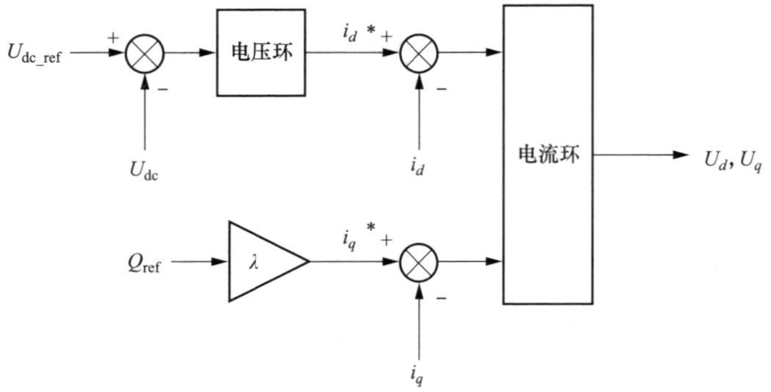

图 4-6　直流侧电压控制原理

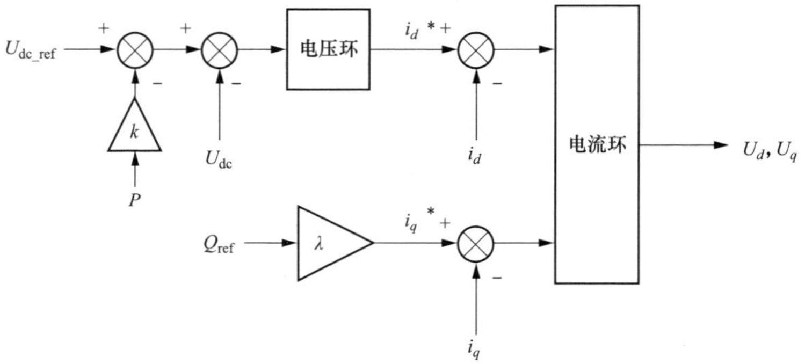

图 4-7　直流侧电压下垂控制原理

性能指标：空载直流电压的稳压精度应不超过±2%。

4. 交流电压频率控制模式（Vf 模式）

交流电压频率控制原理如图 4-8 所示。在交流侧失电工况下，根据设定的交流电压及频率指令进行交流侧稳压运行。控制策略包括交流电压控制外环、电流控制内环。

性能指标：在空载和额定阻性负载（平衡负载）条件下，交流侧输出电压偏差应不超过额定电压的±5%；响应时间小于或等于 10ms；单相额定阻性负载条件下，直流电压纹波小于或等于±5。

5. 电能质量辅助治理控制功能

具备电能质量辅助治理功能的变流器应采用不带隔离型的装置或采用 YnYn 接线的隔离型装置。在恒功率控制、直流侧电压控制、直流侧电压下垂控制模

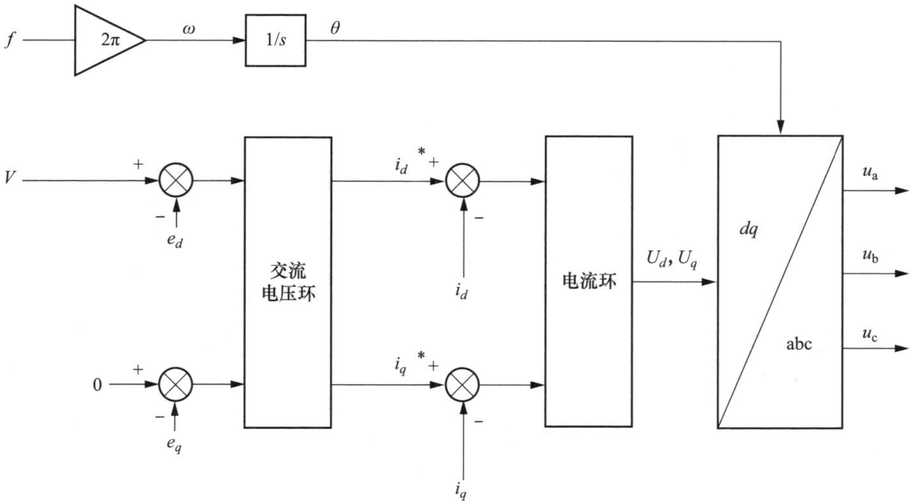

图 4-8 交流电压频率控制原理

式下，装置应具备电能质量辅助治理功能。

装置应能在控制范围内，输出相应不平衡补偿电流，补偿需量在 50%～100%变流器额定容量时，补偿后的负序（或者零序）不平衡电流补偿率大于等于 90%；响应时间小于或等于 20ms。

补偿电流需量有 2 种获取方式：一是实时监测跟踪电网目标点不平衡电流；二是与边缘计算终端通信获取不平衡补偿目标值。

6. 控制模式快速切换功能

装置应具备 *PQ* 模式快速切换至 U_{dc} 模式的能力，满足主从控制模式下，U_{dc} 模式的 AC/DC 双向变流器故障闭锁后的直流系统电压快速恢复。切换时间小于或等于 10ms。

其次，装置应具备 *PQ* 模式快速切换至 *Vf* 模式的能力，满足交流台区失电故障下的快速负荷转供。切换时间小于或等于 20ms。

4.3.2 分布式电源控制技术

1. 直流光伏变流器控制技术

直流光伏变流器原理如图 4-9 所示。直流光伏变流器实现光伏组件最大功率点跟踪（maximum power point tracking，MPPT）和直流电压变换。设备正常运行时，工作于 MPPT 模式。

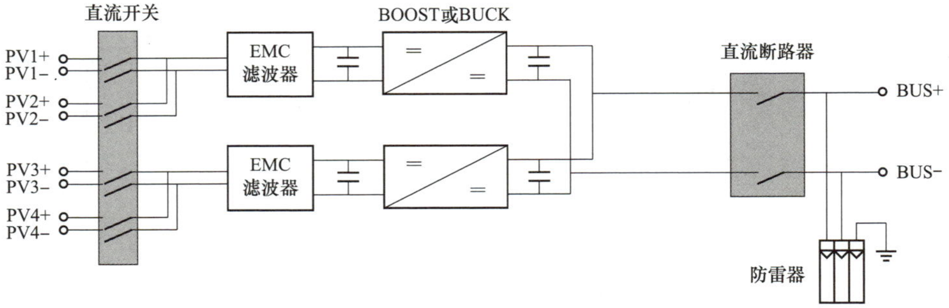

图 4-9　直流光伏变流器原理

直流光伏变流器主要包括待机、运行、关机 3 种工作模式如表 4-1 所示。

表 4-1　待机、运行、关机 3 种工作模式

工作模式	说明
待机	待机模式下不断自检，若光伏组件能量充足且无故障，则进入运行模式
运行	对光伏组件的直流输入电压进行调节，实现最大功率点跟踪，使光伏组件输出功率达到最大
关机	若在待机或运行模式下检测到故障或关机指令，则进入关机模式

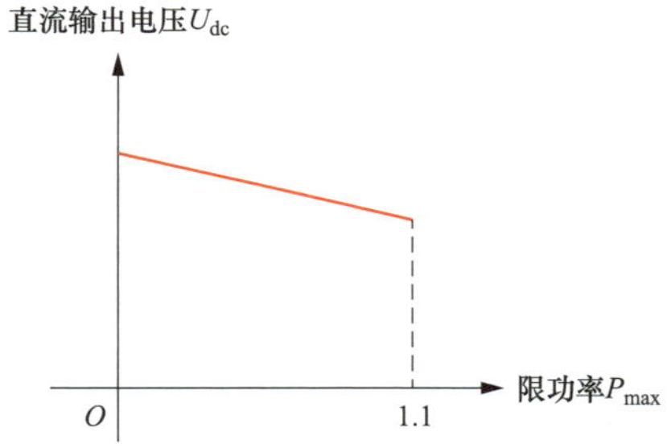

图 4-10　光伏发电下垂控制曲线

光伏发电下垂控制曲线如图 4-10 所示。直流光伏变流器应支持直流母线电压下垂控制模式，即直流母线电压上升后，光伏输出功率减小，满足即插即用。

2. 直流储能变流器控制技术

直流光伏变流器实现光伏组件最大功率点跟踪（MPPT）和直流电压变换。设备正常运行时，工作于 MPPT 模式。

（1）功率控制（*PQ* 模式）。可根据设定的功率指令进行恒功率运行。定义正功率为充电，负功率为放电。控制策略仅包含电流控制内环。

性能指标：输出大于其额定功率的 20%时，功率控制精度应不超过 5%；响应时间小于或等于 5ms。

（2）直流输出电压控制模式（U_{dc} 模式）。可根据设定的直流输出电压指令进行直流输出稳压运行。控制策略包括直流电压控制外环、电流控制内环。

性能指标：直流电压的稳压精度应不超过±2%，电压纹波应不超过 2%；响应时间小于或等于 10ms。

（3）直流输出电压下垂控制模式。将直流输出电压指令与输出功率关联，呈现输出功率变大后，直流输出电压指令线性下降的特性曲线。

性能指标：空载直流电压的稳压精度应不超过±2%。

（4）控制模式快速切换功能。装置应具备 PQ 模式快速切换至 U_{dc} 模式的能力，切换时间小于或等于 10ms。

4.3.3 端—端协调控制技术

1. 馈线/台区负载率自动均衡

在边—边通信不易布线或通信故障的条件下，“集中测控制终端＋AC/DC 双向变流器”采用无边—边通信的电压下垂控制。各馈线/台区的直流电压指令按相同的特性曲线，根据本地负载率自动调整，实现互联馈线/台区负载率均衡。

2. 分布式电源即插即用

直流光伏、储能、充电桩（V2G）采用直流电压下垂控制模式，实现 2 个目标：一是直流设备的即插即用；二是通过改变 AC/DC 双向变流器的直流电压指令，柔性调节直流系统光伏、储能、充电桩总功率。

4.4 边—端协同控制技术

4.4.1 边—端通信技术

柔性互联系统边—端通信主要是以边缘计算终端为主要设备，定周期对并网逆变器、智能断路器、柔性互联装置等设备采集状态量，来完成下端设备的监测和管控。对于馈线/台区状态信息，考虑到负载率调整而进行的并网运行功率转供，以及一些故障转供，通信控制应在秒级，目前可借鉴的通信技术有以下几种通信方式：以太网、RS-485、高速电力线通信（high-speed power line communication，HPLC）、HPLC/RF（射频，radio frequency）双模等通信技术，应用层使用 DL/T 698.44—2016《电能信息采集与管理系统　第 4-4 部分：通信协议——微功率无线通信协议》、DL/T 698.45—2017《电能信息采集与管理系统　第 4-5 部分：通信协议——面向对象的数据交换协议》、DL/T 645—2007《多功能电能表通信协议》、Q/GDW 1376.2—2013《电力用户用电信息采集系统通信协议　第 2 部分：集中器本地通信模块接口协议》、Modbus 等通信协议，边缘计算终端一侧的应用（APP）运行在容器中，端设备一侧的应用运行在端设备 Host 本身。

1. 载波通信技术

低压载波通信技术根据国家电网有限公司发布的 Q/GDW 11612.43—2016《低压电力线宽带载波通信互联互通技术规范　第 4-3 部分：应用层通信协议》、Q/GDW 11612.42—2016《低压电力线宽带载波通信互联互通技术规范　第 4-2 部分：数据链路层通信协议》、Q/GDW 11612.41—2018《低压电力线宽带载波通信互联互通技术规范　第 4-1 部分：物理层通信协议》技术规范，已经拥有很成熟的通信技术方案，并且与其他厂家都互联互通，应用范围更广。低压载波通信方式如图 4-11 所示。

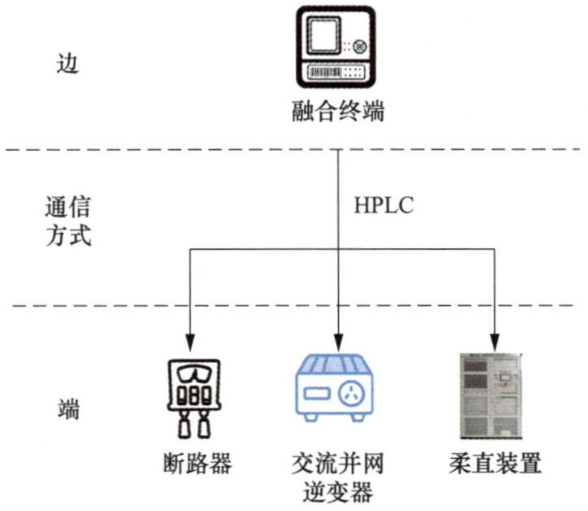

图 4-11　低压载波通信方式

通信技术采用正交频分复用技术（orthogonal frequency division multiplexing，OFDM），速率在无干扰环境下可达 1Mbit/s，通信频段 0.7～12MHz。

发送功率频谱密度在工作频带内不大于－45dBm/Hz，工作频带外不大于－75dBm/Hz。

在隔离电源、屏蔽环境、误包率小于 10%（业务报文包长小于 100 字节）、带内发射功率谱密度为－45dBm/Hz 的条件下，其抗衰减性能应不小于 85dB。

在台区内，边缘计算终端本地通信模块和下挂的断路器、并网逆变器、柔直互联集中测控装置之间通过 HPLC 进行通信，边端通信可以采用 HPLC 并发机制，高效完成状态量的采集。

2. 国网双模（微功率无线+载波）通信技术

国网双模无线通信技术基于 Q/GDW 12087.41—2020《双模通信互联互通技术规范　第 4-1 部分：物理层通信协议》、Q/GDW 12087.42—2020《双模通信互联互通技术规范　第 4-2 部分：数据链路层通信协议》、Q/GDW 12087.43—2020《双模通信互联互通技术规范　第 4-3 部分：应用层通信协议》，将高速宽带载波和无线通信技术相结合，以宽带载波通信为主，无线通信作为辅助手段。双模通信方式如图 4-12 所示。

通信网络由头端节点（HD）和尾端节点（ED）组成，一个头端节点和多个尾端节点构成以头端节点为中心的网状网络，可利用一张网接入柔性互联台区下的所有直流设备。

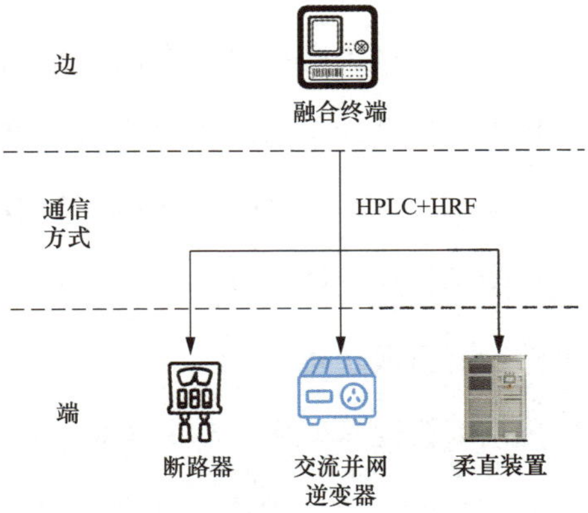

图 4-12　双模通信方式

头端节点即台区融合终端，是网络的中心节点，支持 HPLC 和 470MHz-RF 通信，负责网络的构建、冲突规避、IP 地址分配、网络维护和管理，负责尾端节点的接入管理、路由维护和资源分配，实现网内各节点和集中测控终端的数据传输。

尾端节点是网络的从属节点，支持 HPLC 和 470MHz-RF 通信，参与网络的构建、维护和管理，负责本节点的数据传输及其子节点数据转发。

通信网以头端节点为中心，头端节点和尾端节点以无线和电力线载波作为传输介质，构成以头端节点为中心的网状网结构，双模网络拓扑结构如图 4-13 所示。

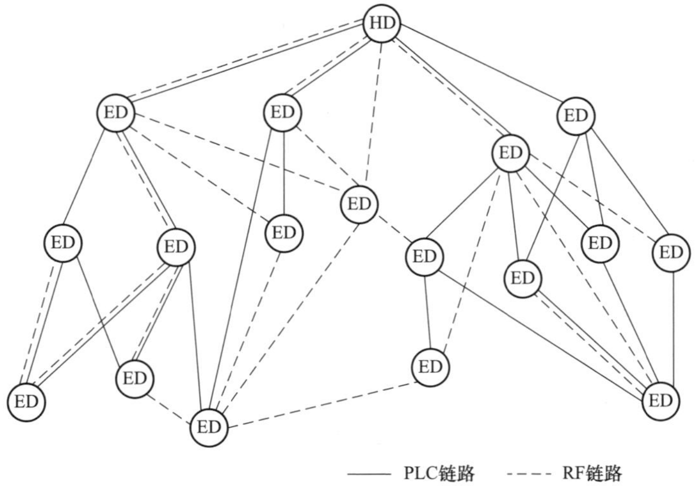

图 4-13 双模网络拓扑结构

边端通信网络的链路有 HPLC 链路、RF 链路。

HPLC 链路以电力线作为传输介质，RF 链路以 470MHz 无线为传输手段，HPLC 与 RF 链路一起作为边端通信网络的通信链路。

通信单元应支持无线和载波的相互桥接，能够利用一张网接入柔直互联台区下的所有直流设备。

国网双模通信速率：电力线频率范围满足 0.7～12MHz，无线频率范围满足 470～510MHz，通信速率不低于 800kbit/s。

3. 无线通信技术

工作频段：470～510MHz。

采用跳频通信，跳频驻留时间间隔 20ms。

传输速率：20、100kbit/s。

调制方式：2GFSK（@20/100kbit/s），高斯滤波器 BT 值，取 BT=0.5。

调制频率偏移：10kHz（@20kbit/s）、40kHz（@100kbit/s）。

接收机灵敏度为在隔离电源、屏蔽环境条件下，传输长度为 20 字节的数据包时，满足误包率 PER<10%的最小输入功率。无线接收机灵敏度要求如表 4-2 所示。

表 4-2　　无线接收机灵敏度要求

速率/(kbit/s)	灵敏度/dBm
20	−102
100	−95

发射功率谱密度限值：占用带宽小于等于 200kHz，为 50mW/200kHz (e. r. p)；占用带宽 200～500kHz，为 10mW/100kHz (e. r. p)。

4. 微功率无线通信技术

对于上述的微功率无线+载波通信网络，保留无线链路去掉载波链路，即可构成一张无线网络，接入柔性互联台区下的所有直流设备。

为实现多台区柔性互联系统的线损精确管理，需要实现直流设备的计量功能，由于 DC 750V 电压等级的宽带载波（HPLC）技术尚不成熟，原有的载波抄表方法不适用于直流型柔性互联系统。针对抄表业务的通信带宽需求，在直流电能表处增加微功率无线网关，通过微功率无线传输电量数据给融合终端。

4.4.2　运行控制模式

柔性互联系统根据是否引出直流微网，分为端对端类型和直流微网类型两类。

端对端类型柔性互联系统的协调控制技术需要具备双侧电网带电下的功率均衡控制、主变压器重载限制控制、单侧电网短时失电后的控制切换控制、单侧电网永久失电后的功率转代控制和单端电网重并网的快速离并网切换控制等功能。直流微网类型柔性互联系统的协调控制技术除上述功能外，还需具备单侧功率越限控制功能，选配直流微网保护及故障恢复控制、电力电子设备的一键启停控制等功能。

柔性互联系统的协调控制对下与设备就地控制通信，接收设备状态、控制模式、有功无功、电压电流等遥信遥测信息，并实时下发启停机、控制模式、有功无功参考值等遥控遥调指令。以下对上述功能的技术特点做简要介绍。

1. 功率均衡控制

以柔性互联系统两侧主变压器负载作为均衡目标。实时采集主变压器负载，通过控制柔性互联系统输送功率，实现区域间功率均衡。

各台区功率信息可通过融合终端间接获取，也可直接采集获取。根据功能实时性需求，选择适当的采样频率和执行周期。当实时性要求较高时，采样频率应不小于 10Hz，执行周期应不超过 100ms。当实时性要求不高时，直流微网型柔性互联系统的就地控制具备端口功率限制功能，防止因直流微网功率瞬时陡增，造成某端口功率越限跳闸。

2. 主变压器重载限制控制

检测主变压器负载率，当任一侧出现主变压器过载时，调节通过控制柔性互联系统输送功率的大小及方向，降低该侧主变压器负载率，防止主变压器负载过重。该控制为稳态情况下防止主变压器重载控制，调节速度可根据实际需求设定。

3. 模式切换控制

在柔性互联系统处于主变压器负载均衡控制或主变压器重载限制情况下，若柔性互联装置中定直流电压的变流器受交流侧扰动闭锁，则协调控制系统在接收该变流器就地控制上送的闭锁状态后，可在毫秒级响应时间将原定功率的变流器变更为定电压控制。在该扰动消失后，协调控制系统能够将该闭锁变流器重解锁运行，且将互联装置恢复到扰动前运行状态。

该控制涉及换流装置的暂态控制，控制速度不宜超过 100ms。

4. 快速并离网及功率转代控制

当柔性互联装置所连接的台变高压侧以上发生永久性故障后，柔性互联协调控制系统应保护配合，完成故障区域隔离及非故障区域在互联能力范围内的功率转代，此时柔性互联协调控制系统将柔性互联装置中故障侧的变流器切换为离网模式，非故障侧变流器按需切换为定直流电压模式或定功率模式。

该控制需要与交流电网的保护协调配合，转带模式切换需要躲过上级电网重合闸、备用电源自动投入使用装置时间。故障台区的负荷分配需要边—端协同。

柔性互联系统处于功率转带控制情况下，当原故障电网具备恢复供电条件时，柔性互联协调控制系统应能短时闭锁处于离网运行模式的变流器，并在该侧交流母线转由交流电网供电后，快速将该变流器按定功率模式重解锁，恢复至主变压器负载均衡控制或主变压器重载限制等控制模式。

5. 单侧功率越限控制

在直流微网类型低压柔直互联系统中，检测柔性互联装置各侧变流器的功率，协调控制系统应能防止任一侧出现功率过载情况。

该控制需要实时监测各侧功率，响应时间不宜超过 100ms。

6. 直流微网保护及故障恢复控制

在直流微网类型低压柔直互联系统中，柔性互联协调控制系统可具备直流微网保护及故障恢复功能，能够识别任一直流支路短路故障并有效隔离，隔离后可快速将因短路造成短时闭锁或跳闸的直流设备恢复正常运行。

状态可直接采集或通过合智一体化等装置间接获取。保护动作时间小于 20ms，故障恢复时间视一次设备的响应速度而定。

7. 电力电子设备的一键启停控制

考虑运维简便，在直流微网类型低压柔直互联系统中，柔性互联协调控制系统可具备各类型电力电子设备的一键式启停控制功能，能够根据当前电网运行状态和设备优先级对接入直流微网的电力电子设备进行类似开关分合操作一样的一键式启停控制，协调控制系统各设备启停过程中控制策略切换等暂态过程管控。

该控制模式涉及暂态控制模式切换，需要毫秒级控制响应速度。

4.5 边—边协同控制技术

4.5.1 边—边通信技术

1. 载波通信技术

国网双模通信技术如 4.4.1 节介绍，边—边低压载波通信技术方案如图 4-14 所示。

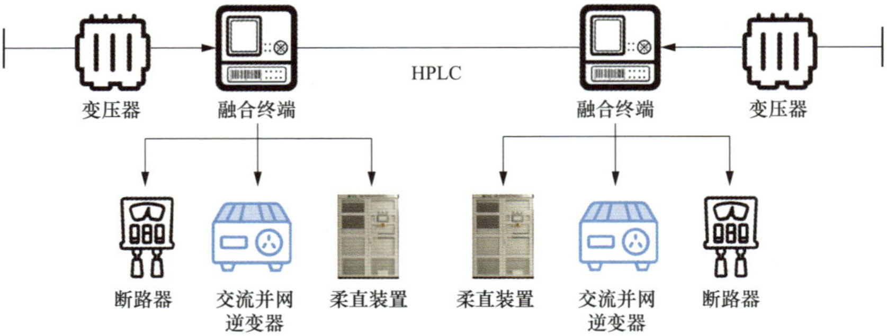

图 4-14　边—边低压载波通信

在某些载波台区，同一个变压器下面的边缘计算终端分别控制下挂断路器、交流并网逆变器及柔性互联装置内的集中测控装置。若某一分隔台区负载发生变化，融合终端通过 HPLC 进行信息交换，此时会通过断路器控制将低负载台区接入到高负载台区，完成运行功率转换和负荷均衡。

2. 国网双模（微功率无线+载波）通信技术

国网双模通信技术介绍如 4.4.1 节介绍，边—边双模通信方式如图 4-15 所示。

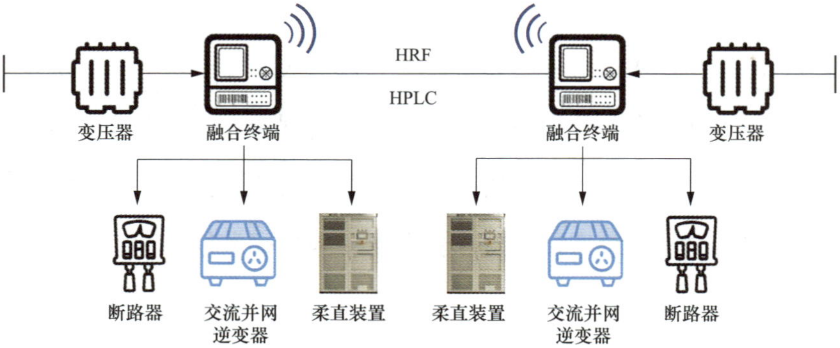

图 4-15　边—边双模通信方式

在某些近距离台区，边缘计算终端分别控制下挂断路器和并网逆变器及柔性互联集中测控装置。若某一个台区负载发生变化，台区间融合终端本地通信模块通过载波（HPLC）或者无线（HRF）进行信息交换，此时会通过断路器控制将低负载台区接入到高负载台区，完成运行功率转换和负荷均衡。在边缘计算终端距离比较近，可以使用载波或者无线进行通信的应用场景下，可以采用此技术进行通信。

3. 中压载波通信技术

中压载波通信是利用10kV中压配电线作为传输通道的一种通信方式。采用中压载波通信方式的优点：不需要另外敷设通信线路，投资小，建设周期短；通信线路是电力系统内部的电力线，安装维护方便；载波通信的信道可靠性与电网物理可靠性一致，载波通信稳定可靠。利用中压载波通信技术的方式来解决农村城网通信距离远，无线和低压载波无法覆盖区域的通信问题。中压载波通信通信参数如下：

（1）通信距离。10kV城网主干线一般不大于3km；农村配电网主干线一般不大于5km；中压载波的长距离通信能很好地使用农村配电网通信需求，对于多台远距离融合终端通信，可以满足高速率和高可靠性能需求。

（2）通信速率。中压载波通信采用OFDM调制方式；载波频段0.5～12MHz（支持频段可调）；PLC通信速率最高达100kbit/s～5Mbit/s。

中压载波通信技术方案如图4-16所示。

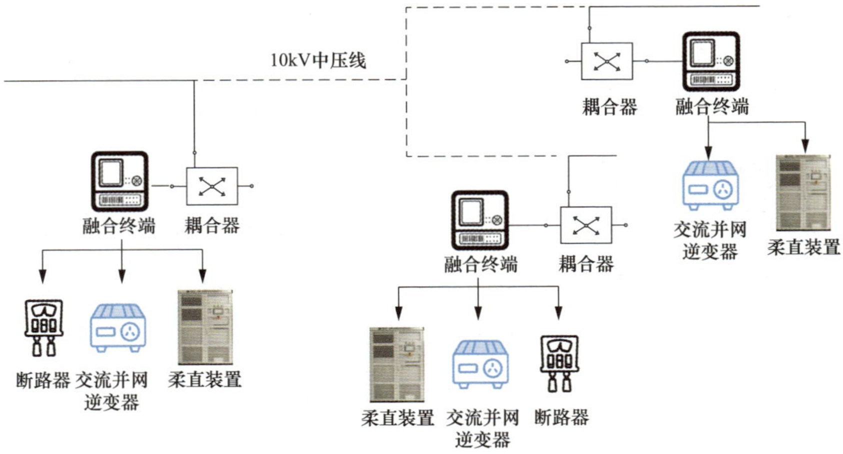

图4-16　中压载波通信技术方案

中压载波通信技术基于低速宽带载波通信，使用耦合器将信号耦合到10kV中压线上进行传输，当台区1发生故障时，将信息传送至台区2，台区2控制变压器总断路器开关或者下端断路器，给台区1进行供电，确保台区1能及时得到故障恢复。

4. 光纤通信

近距离台区可使用光纤作为介质实现融合终端直连或柔性互联系统集中测控终端互联，但此种连接方式是手拉手串联结构，通信结构会形成一个环网，相对的，柔性互联网络也会形成一个环网，环网的好处在于环网中的各节点均参与计算与环网维持，但此种连接方式存在一个固有问题，就是环网内节点数量不能过多，否则当环网中出现单点故障时，各节点设备要反复计算，以算出数据或能量传输方向，以平衡网络运行，且当出现多点故障时，环网工作将立即崩溃，形成分裂的多个单向线路。

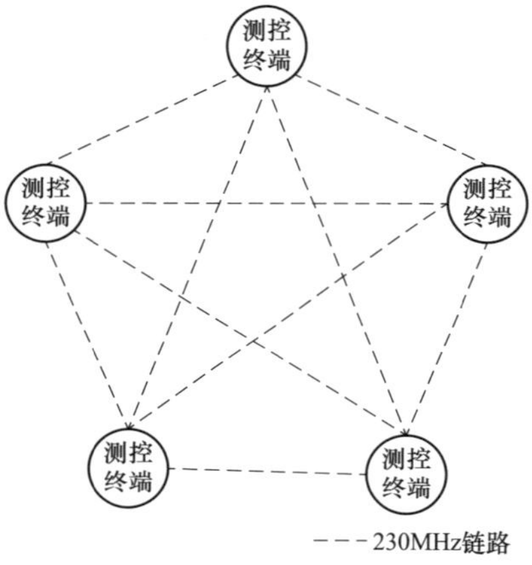

图 4-17　230MHz 通信架构

5. 230MHz

融合终端距离较远时，通过230MHz无线进行相互连接，发射功率不大于5W，可组成多点对多点的星形网络，实现信息交互。

230MHz 通信架构如图4-17所示。

6. 4G/5G 等通信技术（通过物管平台转发）

使用4G/5G等通信技术，使用MQTT通信协议，以物联管理平台为核心通信转发平台，形成星形通信架构，此架构可支持大规模柔性互联，从柔性互联网络角度形成网状网架构，更有利于馈线/台区间柔性互联互济。

4.5.2　运行控制模式

边—边协同控制主要采用主从控制和对等控制模式，实现区域配电网的功率互济、故障转供、资源共享等功能。

1. 主从控制

主从控制柔性互联系统存在某一个控制器为主控制器，其余为从控制器，主从控制器之间一般需要通信联系，且从控制器服从主控制器。可通过设置标志位或优先级区别主控制器与从控制器。各个控制器设置工作状态位。从控制器分别与主控制器通信，多次询问主控制器状态，若主控制器多次询问处于异常状态，则按照优先级将主控制器转移至下一个从控制器，重新建立主从关系的通信功能。若无法确定主控制器，则反馈告警信号，并取消其他功能。确认各控制器通信正常后，主控制器采集柔性互联系统运行模式，确认能够参与功率互联互济的馈线/台区数量。

2. 对等控制

诸多文献通过引入传统同步发电机电源静态下垂特性，提出了对等控制方法。配电网柔性互联系统对等控制中所有变流器的地位是平等的，不存在从属关系，各变流器采用下垂控制方法，采集本地信息进行就地控制。每个采用下垂控制的变流器都参与系统电压和频率的调节，在系统功率变化时，各变流器通过调整各自输出电压的频率或相角和幅值，自动根据下垂系数分担不平衡功率，使系统运行在一个新的稳态工作点，最终实现系统功率的合理分配。

下垂控制能够实现功率变化在柔性互联系统各变流器之间的自动分配，但系统功率变化前后，系统的稳态电压和频率也会有所变化，对于系统电压和频率指标而言，这种控制实际上是一种有差控制。对等控制适合于分布式柔性互联系统即插即用，系统可靠性不依赖于通信系统或某一台电源，扩展方便，无通信设备，成本较低，易于实现负荷功率的自动分担；但缺乏统一灵活的调控手段，只基于本地信息的自适应控制很难兼顾系统的全局性能，特别是随着系统规模的不断扩大、柔性互联系统变流器数目的不断增加，这种变流器各自为政的系统组合方式很可能带来系统功率振荡、能量利用率下降等问题。

4.6 云—边协同控制技术

4.6.1 云—边通信技术

云—边协同控制技术主要依赖和遵循现有配电物联网控制体系，物联网管理平台提供核心信息调度能力，使用消息队列遥测传输（message queuing telemetry transport，MQTT）协议统一数据传输协议，结合配电网主站和边缘计算终端，形成“云管边”协同计算与控制。涉及的技术分别为物联网技术、MQTT协议引擎技术、HPLC技术、容器技术、大数据技术等，各技术在低压柔性互联系统中的实现及应用原理如下：

1. 物联网技术

物联管理平台为物联网设备提供安全可靠的连接通信能力，向下连接海量设备，支撑设备数据采集上云；向上提供开放的数据接口、服务结论和消息接口，实现数据的采集及设备的远程控制，通过前端Web可视化展现，实现设备状态查询、设备信息的统计及设备报告。物联管理平台遵守业界先进的物联安全实践及国家电网有限公司的安全技术要求，构建物联管理终端防御、管道保障和云端保护等安全运维与管理体系。物联管理平台功能架构图如图4-18所示。

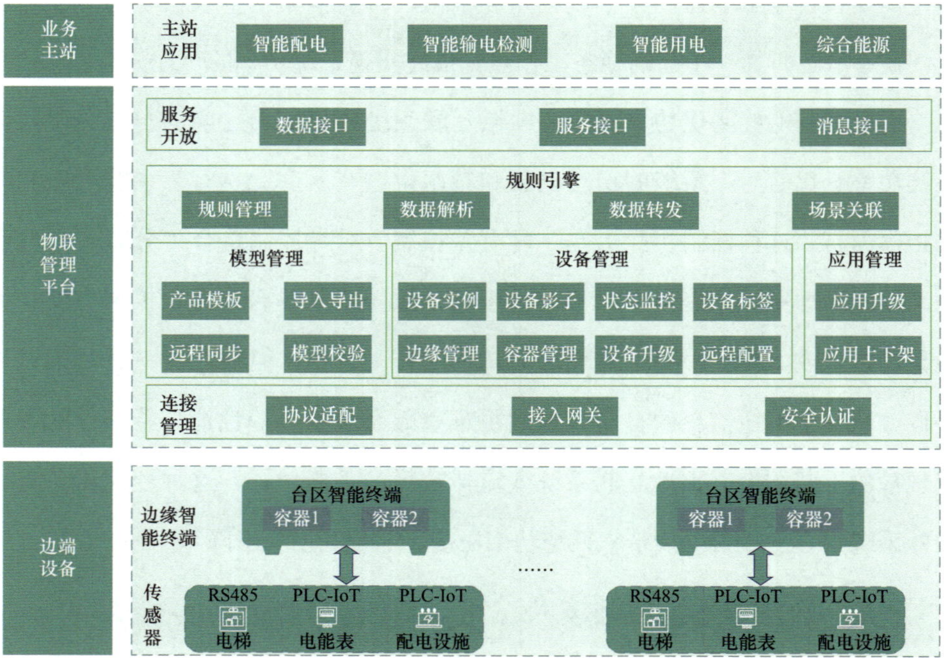

图4-18　物联管理平台功能架构图

物联管理平台也提供了 Web 运维可视化展现、规则引擎、数据管理等管理及开放能力，并提供设备认证及边缘代理设备的软件开发工具包（software development kit，SDK），为各业务场景物联网提供有效的技术支撑及平台服务。

物联管理平台软件包在部署时包含的主要模块：平台公共服务、统一运维、应用程序编程接口（application programming interface，API）集成服务、消息集成服务、数据集成服务、设备集成服务，以及数据库。其中 API 集成服务、消息集成服务、数据集成服务提供与数据中台和应用对接的数据接口、API、消息接口功能。设备集成服务提供物联平台功能和南向接入的功能。

物联网平台终端智能运维模块架构与功能划分采用模块化设计，模块内采用集群技术保障。终端智能运维模块采用双机或集群模式进行冗余设计部署和负荷分担，提高系统的可靠性和可用性。终端智能运维模块北向提供 API 接口、表征性状态转移（representational state transfer，RESTful）接口与各业务应用系统对接数据、API、消息等。物联网平台终端智能运维模块提供各模块公用的开源组件能力。南向接入提供设备管理通道接入、安全接入认证等能力。

终端智能运维模块接入管理设备支持两种方式：一是设备通过物联网平台提供的 Agent，基于统一的 MQTT 物联网协议进行接入，再由基础物联网平台北向接口对接，接入管理数据；二是设备通过标准的 Netconf 协议直接接入，实现业务通道和管理通道的相对独立，提高接入管理的安全性和可靠性。

终端智能运维模块通过 API 的形式对外开放自身丰富的管理能力，包括设备管理、数据采集、命令下发、设备升级等，帮助业务应用快速构筑基于物联网平台的行业应用。物联网平台提供 RESTful API，支持业务应用通过 HTTPS 请求调用，同时物联网平台还提供多种编程语言的 SDK 供用户使用。

MQTT 协议交互机制：物联平台与设备基于 MQTT 协议进行数据传输。

MQTT 协议采用发布/订阅机制来完成消息交互，该机制能够提供一对多消息分发，其交互机制如图 4-19 所示。

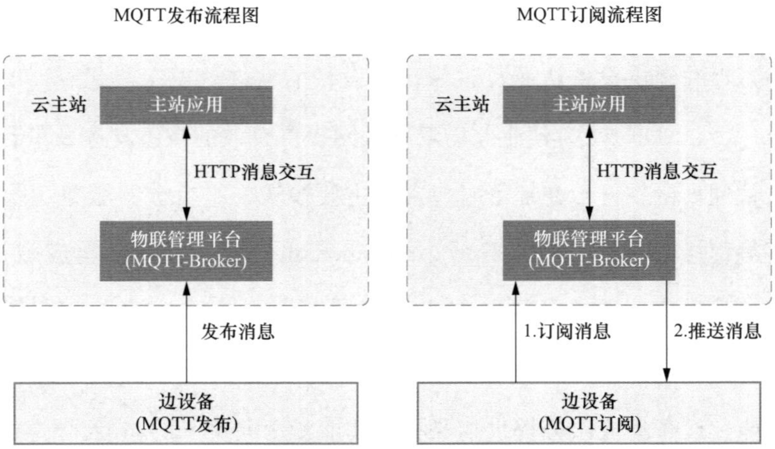

图 4-19　边设备发布订阅流程图

在信息交互过程中，MQTT 协议将参与方划分为三种身份：发布者、代理和订阅者。其中，消息的发布者和订阅者都是客户端，消息的代理是服务器端。

（1）MQTT 客户端。MQTT 客户端定义为使用 MQTT 协议的设备或应用程序，它具备以下功能：

1）发布其他客户端可能会订阅的信息。

2）订阅其他客户端发布的消息。

3）退订或删除应用程序的消息。

4）断开与服务器端的连接。

（2）MQTT 服务器端。MQTT 服务器端定义为位于客户端之间，处理客户端请求，并转发客户端消息的设备或应用程序，它具备以下功能：

1）接收来自客户端的网络连接。

2）接收客户端发布的应用信息。

3）处理来自客户端的订阅和退订请求。

4）向订阅的客户端转发应用程序消息。

2. HPLC 技术

电力线通信（power line communication，PLC）是一种利用电力线传输数据的通信方式，按频段可分为窄带、中频带和宽带技术。窄带电力通信技术是最早用在配电网络中的 PLC 技术，有一系列国际标准，如 G3-PLC、PRIME、IEEE 1901.2 等，载波频带主要分布在 3～500kHz，主要用于远程抄表。中频带 PLC 技术发源于中国，基于国家电网有限公司 HPLC 规范的中频带技术，广泛用于国内用电信息采集领域，并于 2018 年在 IEEE 完成标准化，发布了 IEEE 1901.1 国际标准。

实践表明，相比于窄带 PLC 技术，宽带 HPLC 技术最适合国内电力环境，并获得了广泛部署。HPLC 采用正交频分复用（OFDM）技术，工作频段在 0.7～12MHz，抗噪声和抗干扰能力优越；点到点传输距离为 500m～1km，通过多级中继形成 Mesh 网络，可将传输距离扩展至数公里。应用层通信速率为 100kbit/s～2Mbit/s。

随着物联网 IP 化的发展，HPLC 逐渐与 IPv6 相结合，IP 化的 HPLC 协议栈如表 4-3 所示。

表 4-3　　HPLC 协议栈

应用层	应用（数据、管理、安全认证等）
	受限应用协议（the constrained application protocol，CoAP）
传输层	用户数据报协议（user datagram protocol，UDP）
网络层	互联网协议第 6 版（internet protocol version 6，IPv6）
适配层	6LoWPAN（IPv6 over low power WPAN）
链路层	Q/GDW 11612.42—2016《低压电力线宽带载波通信互联互通技术规范　第 4-2 部分：数据链路层通信协议》
物理层	Q/GDW 11612.41—2018《低压电力线宽带载波通信互联互通技术规范　第 4-1 部分：物理层通信协议》

其中物理层和链路层遵从 HPLC（Q/GDW 11612.41—2016、Q/GDW 11612.41—2018）；物理层基本频段为 0.7～12MHz，支持分段使用。链路层支持多级自组网和动态路由技术，最大支持 15 级中继。

网络层支持 IPv6 和 6LoWPAN。6LoWPAN（IPv6 over Low Power WPAN）是一种报文分片和压缩技术，通过对 IPv6 报头压缩和解压缩、IPv6 报

文分片和重组的机制，将 IPv6 报文承载在低速链路上。由于 IPv6 报文最小的最大传输单元（maximum transmission unit，MTU）为 1280 字节，而 HPLC 链路层最大帧长为 520 字节，将 6LoWPAN 技术引入到 IP 化 PLC 协议架构中，除实现分片传输外，还可将 40 字节的 IPv6 报头压缩到低至 4 字节，使 IPv6 无缝运行在低速网络上。

传输层支持 TCP/UDP 技术，可通过多个传输层端口承载多种业务，连接多种类型设备。

应用层支持数据包传输层安全协议（datagram transport layer security，DTLS）和受限应用协议（the constrained application protocol，CoAP）。DTLS 是一种承载于 UDP 之上的安全认证和加密传输协议。IP 化 PLC 采用 DTLS 协议实现 PLC 节点基于数字证书的接入认证，并通过 DTLS 加密通道传输协商链路层加密密钥，实现链路层数据加密传输，为应用提供基础的安全保障。

CoAP 是一种在物联网世界的类 Web 协议，它基于 UDP 的应用层协议，采用表述性状态转移（representational state transfer，REST）架构，使用请求/响应工作模式。非常适合 PLC 网络内承载业务。

3. 容器技术

容器是一个允许在资源隔离的过程中，运行应用程序和其依赖项的、轻量的、操作系统级别的虚拟化技术。容器可以在操作系统层级上为进程提供虚拟的执行环境，一个虚拟的执行环境就是一个容器。可以为容器绑定特定的 CPU 和 Memory 节点，分配特定比例的 CPU 时间、IO 时间，限制其使用的内存大小（包括内存和 Swap 空间），提供 Device 访问控制，提供独立的 Namespace（网络、PID、IPC、mnt、uts）。

将运行应用程序所需的所有必要组件都打包为单个镜像，这个镜像是可以重复使用的。当镜像运行时，它是运行在独立的环境中，并不会和其他的应用共享主机操作系统的内存、CPU 或磁盘。这保证了容器内的进程不会影响到容器外的任何进程。

容器技术主要有操作系统容器和应用程序容器两种技术。LXC（Linux container）是一种操作系统容器，使用内核虚拟化技术，可以提供轻量级的虚拟化，以便隔离进程和资源。Docker 是应用程序容器，是一个开源的应用容器引擎，让开发者可以以统一的方式打包应用及依赖包到一个可移植的容器中，然后发布到任何安装了 Docker 引擎的服务器上。容器是完全使用沙箱机制，相互之间不会有任何接口。

4.6.2 运行控制模式

1. 能量互济控制管理

边侧：边侧以边缘计算终端为主体，分为“互济控制管理”与“自治控制管理”两个部分，遵循先“自治后互济”的主体原则，因为只有先自治，才能正确判断自身能力，是否可以对外供给还是需要外部对内帮济。

自治控制管理：边缘计算终端在原有“交流管理容器”基础上，新增“自治管理容器”和“柔性互联管理容器”，“柔性互联管理容器”内开发“柔性互联管理 APP”，用以接收互联单元设备数据及相关控制指令下发。“自治管理容器”接收“交流管理容器”和“柔性互联管理容器”的工作数据，并通过开发的“自治管理 APP”进行统一化管理，合理调度本台区内交直流能量互济，当达到稳定态时，总结互济能量的余额，形成稳定态工况，然后通过管端把工况信息发送给临近台区，临近台区收到工况数据后，结合自身台区稳定态工况，自主决定互济模式（供给或受济，以及相关能量数值），并形成稳定态，生成互济工作模式。

管侧：物联管理平台作为配电物联网的重要组件，起到支撑整体配电物联网数据通信转发的作用，边侧设备上传 MQTT 协议信息后，依据“协议引擎”的设定，把相应的信息转发到目的地，通过“协议引擎”可实现“边边通信”及“边云通信”，并可实现多点对多点的“边边通信”，同时这也是实现“逻辑网状网柔性互联”的最重要技术。

云端：配电网主站通过开发“柔性互联互济能量管理系统”，形成柔性互联互济系统的核心大脑，该系统负责接收各台区交直流双网运行稳定态的综合工况，用以展示及智能计算，结合各台区数据自动生成“互济能量调度图”及执行策略，执行策略匹配到各边缘计算终端，并进行统一下发，各台区在收到属于自己的执行策略后，由边缘计算终端控制馈线/台区交流侧设备和直流侧设备，开始有序执行策略，策略执行完毕后，馈线/台区进入“互济状态”，并上报结果，主站侧形成实时稳定的“互济能量调度图”。

2. 线损分析

由于柔性互联系统的加入，采用单馈线/台区进行线损考核，负线损超标，原有馈线/台区线损计算方法已不适用。

云主站针对柔性互联系统，开发区域自治能量模块，从精细化角度出发，实现柔性互联系统线损、馈线/台区线损、多馈线/台区整体线损的计算。分别采集变压器、双向变流器、直流设备、负荷等关键节点的电量数据，并结合柔性互联系统的网络模型，按照设定的统计关系，多层级进行线损统计。

3. 运检检修

定义统一的柔性互联装置远程维护功能信息模型，在远方修改和调整柔性互联系统运行参数。在云主站开发基于统一的信息模型的柔性互联系统远程维护功能模块，以便实现对系统保护定值等与系统运行相关的参数进行远程修改，同时实现装置的相关维护工作，满足远程下载更换程序、查看数据，减轻运行人员的设备维护工作量。

边缘计算终端增加柔性互联装置的运维检修 APP，接收云主站和就地的控制运维指令，实现柔性互联装置运行状态、运行参数和保护定值的修改。

5 工 程 案 例

5.1 概述

福建是新型电力系统省级示范区之一，而配电网是建设新型电力系统的“主战场”。近年来，福建通过省级示范区的先行先试，面向城市、乡村、海岛等场景，发挥区域资源禀赋，因地制宜，建设了一批配电网柔性互联示范工程，探索配电网柔性互联技术的多场景应用，实现区域供电能力、资源承载力、电能质量水平的提升。

5.2 中压配电网柔性互联案例

5.2.1 泉州南安中压馈线组柔性直流互联示范

1. 工程背景

石材陶瓷业作为泉州的支柱产业之一，2021 年全年产值将近 1500 亿元，而水头镇作为泉州南安石材交易的中心，拥有大量的石材企业厂房。由于石材企业厂房占地面积大，近年来，越来越多的石材企业在厂房建设屋顶光伏，并大多采用“自发自用，余量上网”的运营模式。随着工业园区屋顶光伏规模的不断攀升，光伏电能的就地消纳问题日渐突显。泉州南安环球石材厂屋顶光伏如图 5-1 所示。

泉州南安示范工程选取水头镇 10kV 白莲线（龙风变电站供电）和 10kV 垢坑线（朴新变电站供电）为试点，建设柔直互联馈线组微电网。龙风变电站 10kV 白莲线用户环球石材加工厂建设有 5MW 屋顶光伏发电站，每年可产生绿色电力 493 万 kWh，其中有近 340 万 kWh 余量倒送至电网，给分布式光伏的就地消纳及线路降损工作带来新的压力，系统故障时还可能导致分布式光伏大面积脱网，对现有配电网的网架形态和稳定运行提出挑战。

图 5-1　泉州南安环球石材厂屋顶光伏

2. 技术方案

国网福建电力通过集成“电力电子模块化技术、中压柔性直流技术、边缘计算技术、配微协同控制技术”四大关键技术，采用“分层分级、协调控制”的控制策略，实现了“分布式光伏跨区消纳、线路功率均衡控制、线路故障支援、电能质量治理、电压穿越功能、光储协同控制”六大功能，构建具有能源汇集站、能源供给站功能的馈线型微电网系统，提出适用于工业园区大容量光伏用户的并网接入方案，提高配电网柔性控制能力和新能源消纳能力。

南安中压馈线组柔性互联示范工程在 110kV 龙风变电站 10kV 白莲线及其联络线 110kV 朴新变电站 10kV 垢坑线的联络点建设一套 3MW 柔性直流互联系统，内含 3MW 柔性互联变流器 2 台、隔离变压器 2 台、户外预制舱、中压开关柜及控制系统等设备。南安中压柔性互联系统示意图和工程现场见图 5-2。

3. 应用成效

南安馈线组柔性互联系统工程首次应用全国产化功率器件（全国产 IGBT）的柔性互联成套装置和 1500V 直流互联系统，便于光伏、储能设备接入。同时，

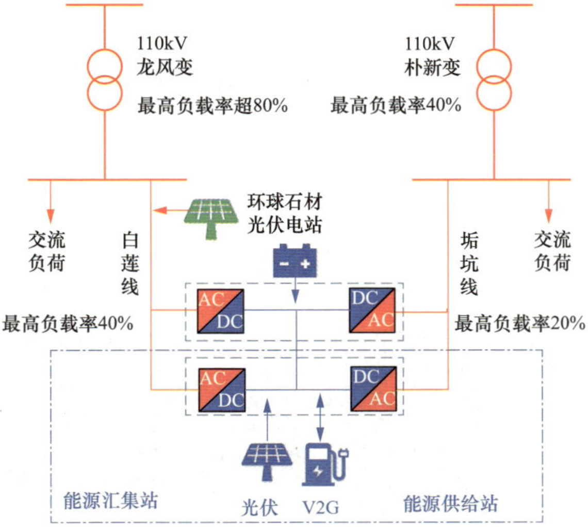

(a) 系统示意图

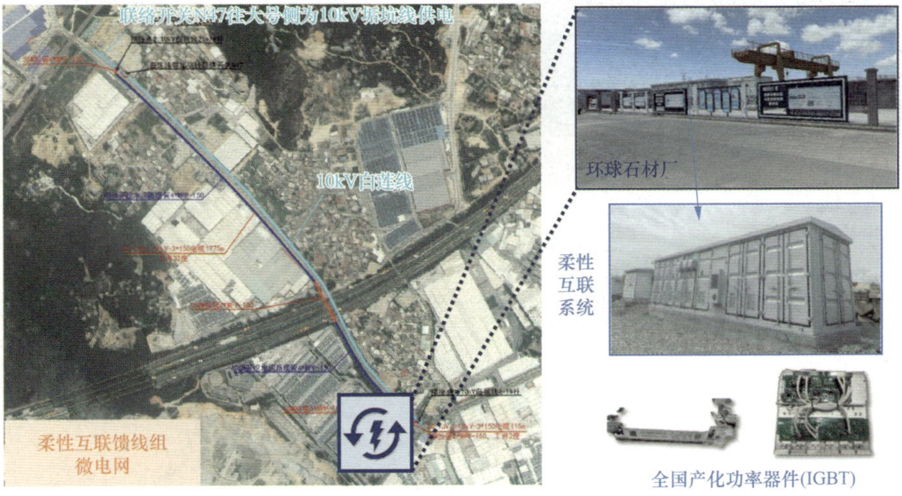

(b) 工程现场

图 5-2　南安中压柔性互联系统示意图和工程现场

模块化及高可靠性设计配备独特的高低电压穿越装置，可以满足控制系统自取电的要求，具备完备的保护功能。

泉州南安馈线组柔性互联系统工程配电主站监测系统如图 5-3 所示。图 5-4 是典型日运行情况，紫色虚线为接在 10kV 白莲线环球石材厂光伏出力曲线，浅蓝色与浅红色分别为若未加载柔性互联 10kV 白莲线与 10kV 垢坑线的功率曲线，深蓝色与深红色分别为实际加载了柔性互联系统后 10kV 白莲线与 10kV 垢坑线的功率曲线。从图中可看出约 6：30，环球石材光伏开始发电，约 9：00 柔直系统开始进行功率转供。若无柔直系统，白莲线将在 10：30～12：30 期间倒送功率，日最大倒送功率约为 1.1MW，在 12：00 左右。柔性互联系统加载后无功率倒送现象发生，白莲线与垢坑线负载率趋于平衡。

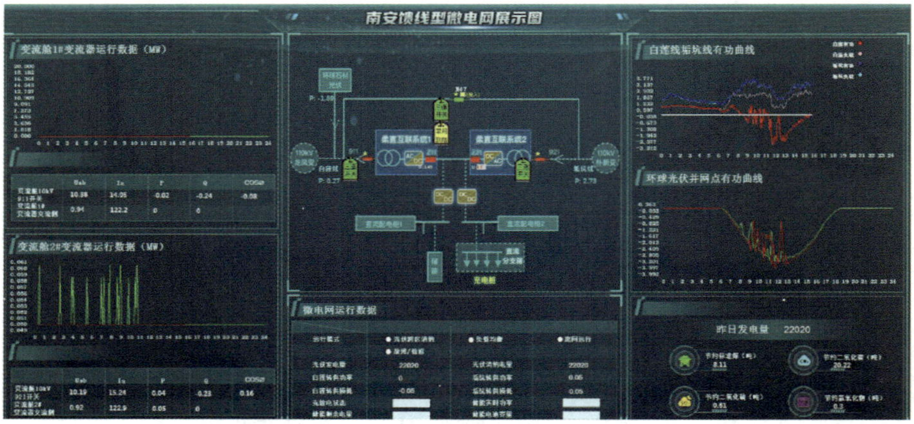

图 5-3　配电主站监测系统

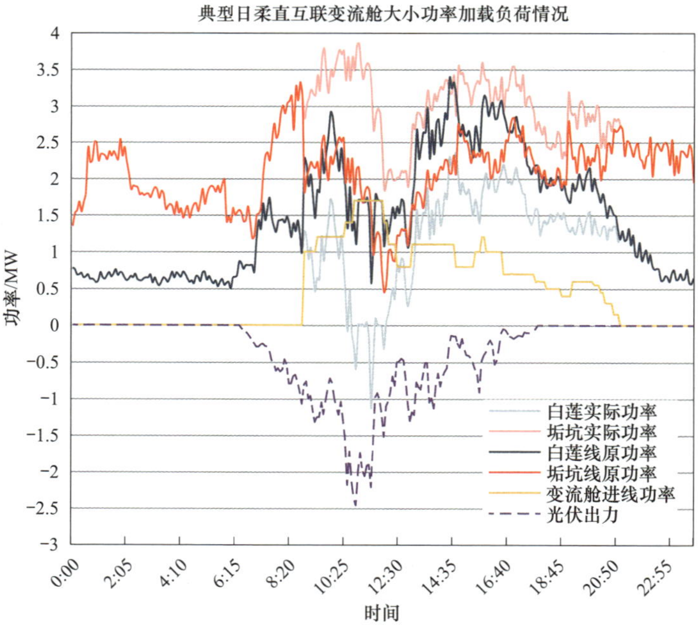

图 5-4　典型日功率曲线图

南安水头中压柔性互联系统7月1日～7月7日光伏发电量转供至垢坑线消纳曲线如图5-5所示，受天气、光照强度影响，每日转供电量存在正常起伏，日转供电量为9.7～16.1MWh。

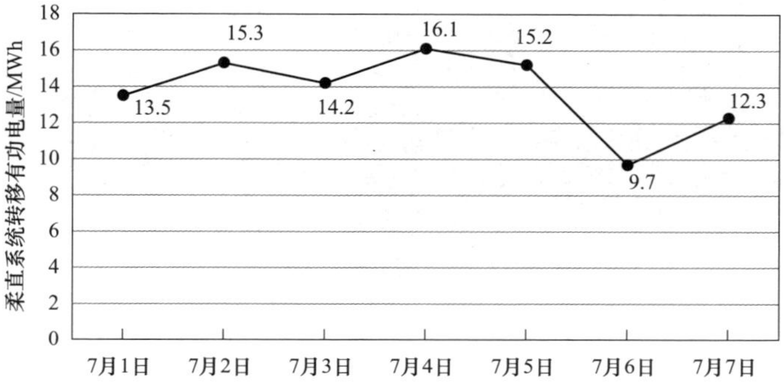

图5-5 周功率转移曲线图

目前南安馈线组柔性互联系统工程正常持续运行中，实现了馈线间分布式光伏电量转供和就地消纳。2021年，白莲线全年光伏存在电力盈余的天数共计298天，示范工程投运后，光伏存在电力盈余天数约为90天，下降约70%。

5.2.2 福建储能型MMC柔性互联示范

1. 工程背景

本项目以集新型储能于一体的配电网柔性换流系统为技术路线，打造交直流柔性互联、光储充一体化、源网荷储协同控制、用能场景多样高效的智慧友好新型柔性配电网，助力能源低碳转型，推动实现双碳战略目标。

2. 技术方案

为有效解决现有配电网辐射状、开环运行所导致的可靠性不高，不同馈线之间负荷不均，风电光伏等多种分布式能源难以大规模接入等技术难题，该工程创新性融合柔性换流技术和新型储能技术，提出在模块化多电平变流器的子模块中增加分散储能单元的新型子模块结构，并以此构建集新型储能于一体的配电网柔性换流系统，柔性换流系统结构示意图如图5-6所示，柔性换流系统拓扑接线图如图 5-7 所示。

图 5-6　柔性换流系统结构示意图

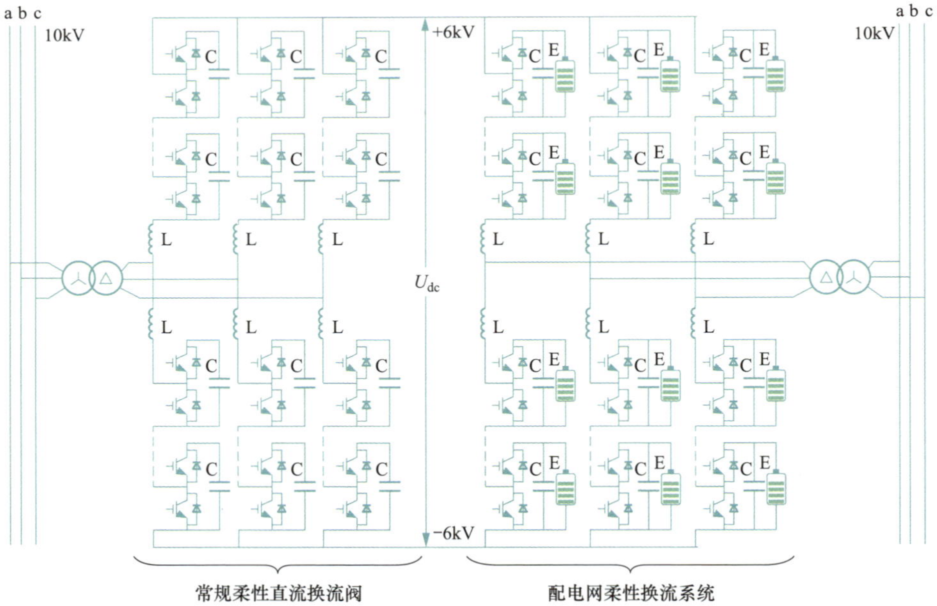

图 5-7　柔性换流系统拓扑接线图

3. 应用成效

该示范集新型储能于一体的配电网柔性换流系统，额定输出功率 8MW，储能容量 8MWh，将实现不同供电片区柔性合环运行、功率互济互备，具有潮流灵活调控、分布式电源高效消纳、用电品质提升、电力可靠供应等功能，为柔性数字化配电网建设提供“一站式”解决方案，提高配电网的适应性、可靠性，以及数字化、智能化水平，更好支撑新能源科学高效开发利用和多元负荷友好接入，应用场景示意图如图 5-8 所示。

图 5-8　应用场景示意图

5.3　低压配电网柔性互联案例

5.3.1　泉州石狮黄金海岸景区智能微电网高效用能示范

1. 工程背景

沙堤村位于石狮市永宁镇海滨，太阳能资源丰富，年利用小时数超过 1300h。近年来，爱国乡贤出资为整村 2000 余户居民建设屋顶分布式光伏，至 2022 年 8 月，沙堤村已有 244 户分布式光伏并网，总容量 945.9kW，总体分布呈现“点多面广”的特点，预计未来三年内整村分布式光伏容量达到 3MW。沙堤村共有公用配电变压器 17 台，总容量 8480kVA，多个台区光伏装机渗透率已超过 60%，且绝大多数屋顶光伏通过单相接入，导致台区出现功率倒送、三相不平衡和电能质量等问题，影响配电网的安全稳定运行。石狮黄金海岸车棚光伏如图 5-9 所示。

图 5-9 石狮黄金海岸车棚光伏

2. 技术方案

为解决上述问题，同时满足面向城区重要供电区域和直流用电的需求，国网福建电力提出在沙堤村构建台区组微电网，实现光伏就地高效消纳，将分布式光伏接入带来的问题在台区层面解决，实现台区自治。通过柔性直流互联系统与智能融合终端协同控制，实现台区分布式光伏、储能系统、直流负荷的“网、源、储、荷”灵活互动。建设福建首个以“台区组微电网自治（自平衡、自调节、自管理）”和“整村分布式光伏全额就地消纳”为特征的台区组交直流混合微电网。主要采用边缘计算、物联感知、柔性互联、云边协同等四大技术，实现以下八大功能：光伏就地消纳、功率灵活互济、电能主动治理、故障智能投切、微电网黑启动、拓扑自动生成、开放容量分析、直流生态示范。

示范工程选取沙堤村 11、13、14 号台区建设一套集中式全功率型三端柔性直流互联系统，构建基于柔性直流互联技术的台区组交直流混合微电网，实现光伏高效就地就近消纳。在景区停车场建设一套 3×630kW 集中式柔性直流互联站，将沙堤村 11、13、14 号三个台区进行柔性互联。在柔性互联系统直流侧母线接入 630kW/709kWh 储能系统、3×60kW 充电桩、20kW 车棚光伏等直流负荷，实现多样化负荷接入管理。同步智能化升级三个台区，以能量管理系统为边缘计算核心，智能融合终端协同控制，实现台区组微电网全息感知和自律协同运行，打造低压供电—用电资源协同新模式。石狮台区组微电网系统示意图和工程现场如图 5-10 所示。

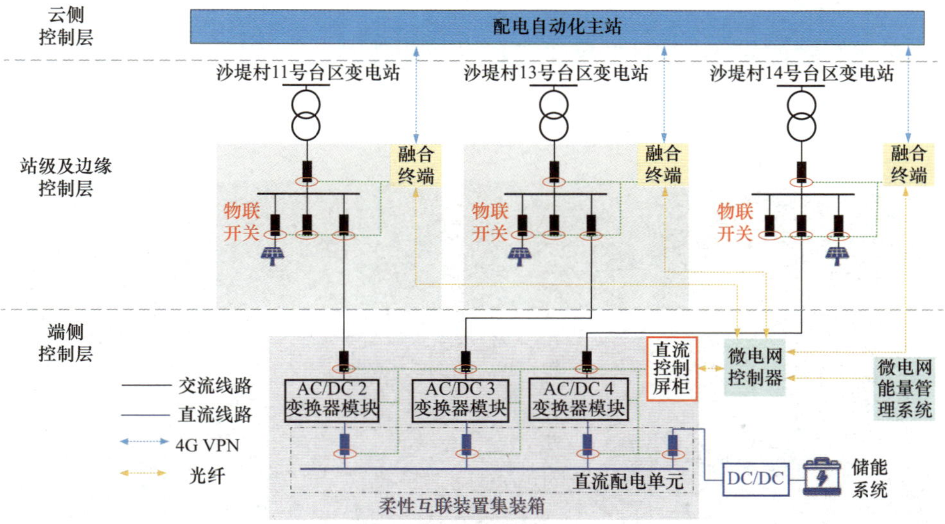

(a) 系统示意图

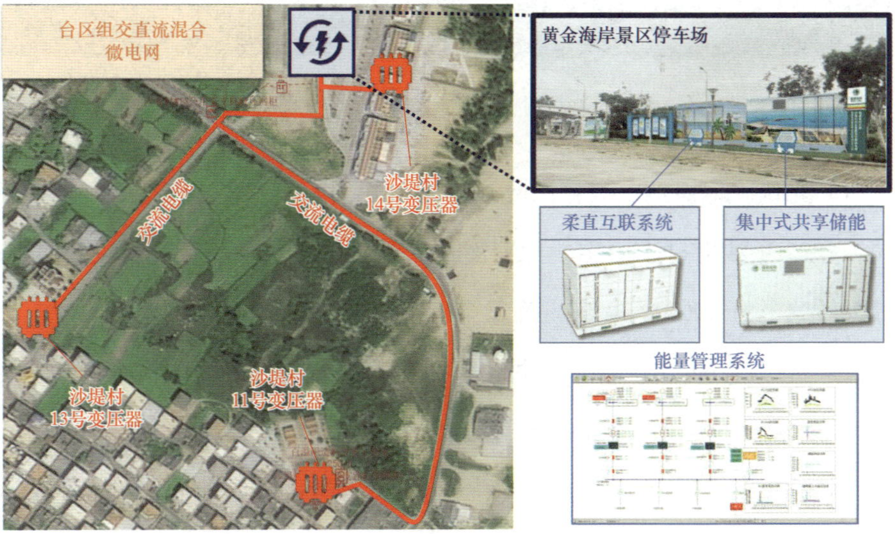

(b) 工程现场

图 5-10　石狮台区组微电网系统示意图和工程现场

3. 应用成效

2021 年沙堤村 11、13、14 号台区最大负载率分别为 28.6%、28.1%、83.2%。沙堤村 11、13 号台区已并网及申报光伏峰值总功率为 563.2kW，装机渗透率分别是 41%、49%。预计至 2025 年，沙堤村 11、13 号台区光伏装机渗透率将分别达到 62%、66%。

泉州石狮黄金海岸景区智能微电网高效用能示范工程的配电主站监测系统如图 5-11 所示。示范工程取得的成效如下：

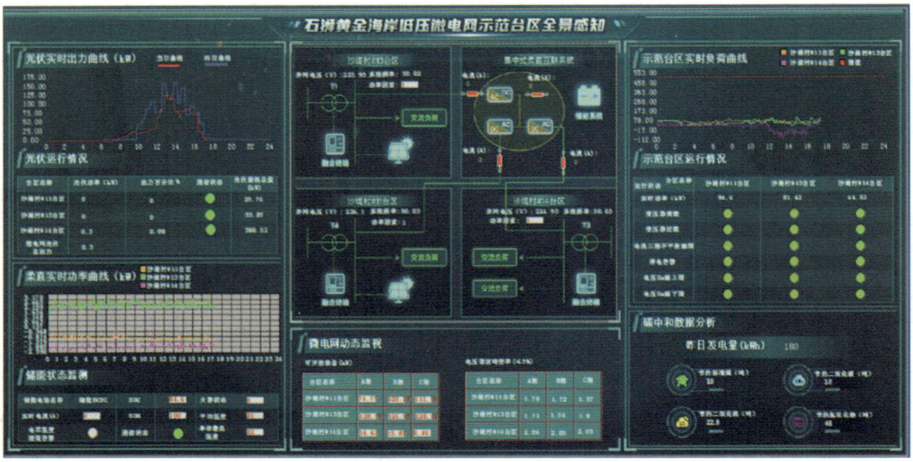

图 5-11　配电主站监测系统

（1）光伏就地消纳。当台区光伏出现倒送时，转移至其他有裕度台区进行消纳。2023 年沙堤村 11、13 号公用变压器台区日最大转移光伏功率 118kW，日最大转移电量 590kWh，实现光伏全额就地消纳。

（2）台区动态增容。当沙堤村 14 号公用变压器负载率超过 70%时，由沙堤村 11、13 号公用变压器承担超出部分功率。2023 年沙堤村 14 号公用变压器台区最大转移负荷 312kW，日最大转移电量 513kWh，实现台区弹性增容 50%。投运前后台区重载治理如图 5-12 所示。

（3）储能削峰填谷。当三个台区无法消纳光伏时，储能系统充电；当沙堤

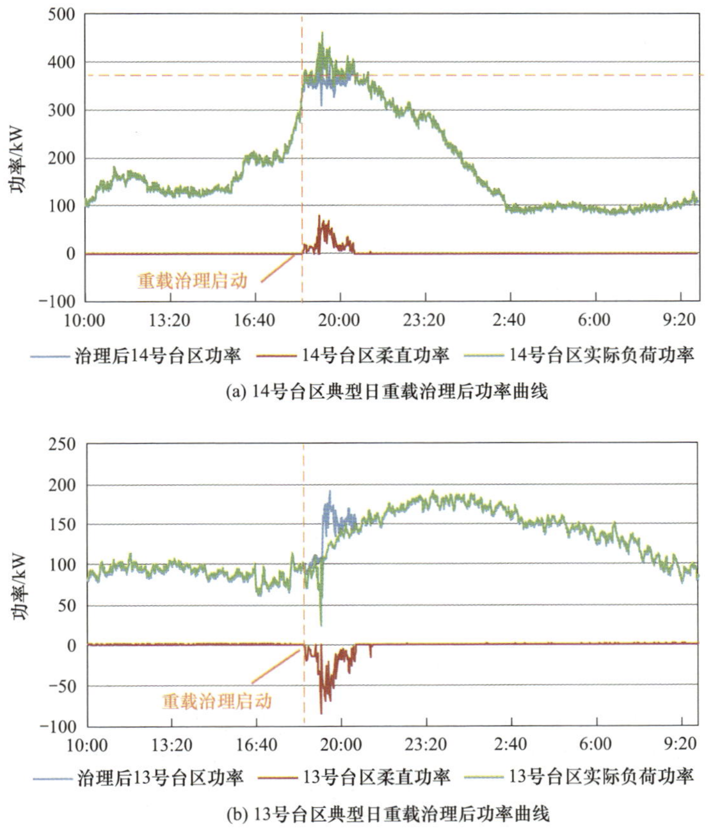

图 5-12 投运前后台区重载治理

村 14 号公用变压器负载率超过 75%时，储能系统放电。2023 年储能系统削峰填谷 43 次，解决沙堤村 14 号公用变压器过重载问题。

(4) 电能主动治理。2023 年沙堤村 14 号公用变压器负载率超过 50%时，三相电流不平衡度均能控制在 10%以内，解决项目建设前台区三相电流不平度超过 20%的问题。投运前后台区三相不平衡治理如图 5-13 所示。

(5) 台区资源可视。台区分布式光伏、充电桩、储能等运行状态通过融合终端上送至配电云主站，实现台区资源 100%可视。

(6) 促进新能源建设。在项目的推动下，政府、企业和居民建设光伏和充电桩的积极性显著提升，2023 年政府在沙堤村停车场建设 388kW 车棚光伏，居民建设 102kW 屋顶光伏，企业积极开展光伏代运维业务，并与政府合作建设充

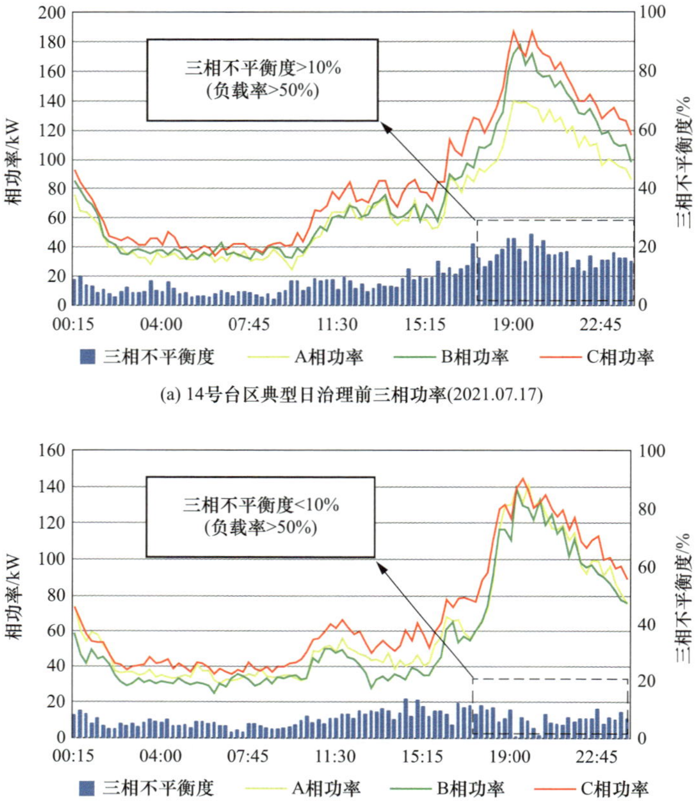

(a) 14号台区典型日治理前三相功率(2021.07.17)

(b) 14号台区典型日治理后三相功率(2022.08.27)

图 5-13　投运前后台区三相不平衡治理

电桩，打造政企合作典范。

5.3.2　莆田湄洲岛五端柔直互联示范

1. 工程背景

湄洲岛是妈祖信俗世界非物质文化遗产所在地，国家 5A 级旅游景区，每年约有 600 万游客。习近平总书记曾叮嘱莆田“保护好湄洲岛”。2021 年莆田市政府提出要在湄洲岛先行试点建设“双碳”的目标，近年来湄洲岛供电可靠性与电能质量要求不断提高，占地与电网建设、新能源建设与景区美观性要求存在诸多矛盾。国网福建电力提出在湄洲岛建设五台区分散式环网型低压柔性直流系统，解决“双碳”目标和电网建设的一系列突出矛盾。湄洲岛多端互联低压柔性微电网周边配套光伏如图 5-14 所示。

图 5-14 湄洲岛多端互联低压柔性微电网周边配套光伏

2. 技术方案

湄洲岛多端互联低压柔性互联微电网示意图如图 5-15 所示，该项目在 5 个台区配置分散式柔性直流互联装置，构建多端互联低压柔性微电网，实现功率互济、光伏消纳、并离网智能切换等功能。通过以上 5 台柔性互联装置和直流母线实现两条 10kV 线路、5 台配电变压器的功率互济。湄洲岛微电网柔性互联装置现场如图 5-16 所示。

微电网整体配置 2 台 30kW/40kWh 的移动储能车，满足灵活组网、应急保电、削峰填谷、黑启动等场景的需要。湄洲岛微电网配套移动储能车如图 5-17 所示。

3. 应用成效

当台区无轻、重载时，通过柔性互联系统实现台区清洁能源自平衡。如 2022 年 7 月 8 日 14：06 五个台区光伏发电功率 185kW，大于台区总负荷 178kW，通过充电桩、移动储能车消纳额外的光伏发电量，台区间清洁能源自平衡如图 5-18 所示。

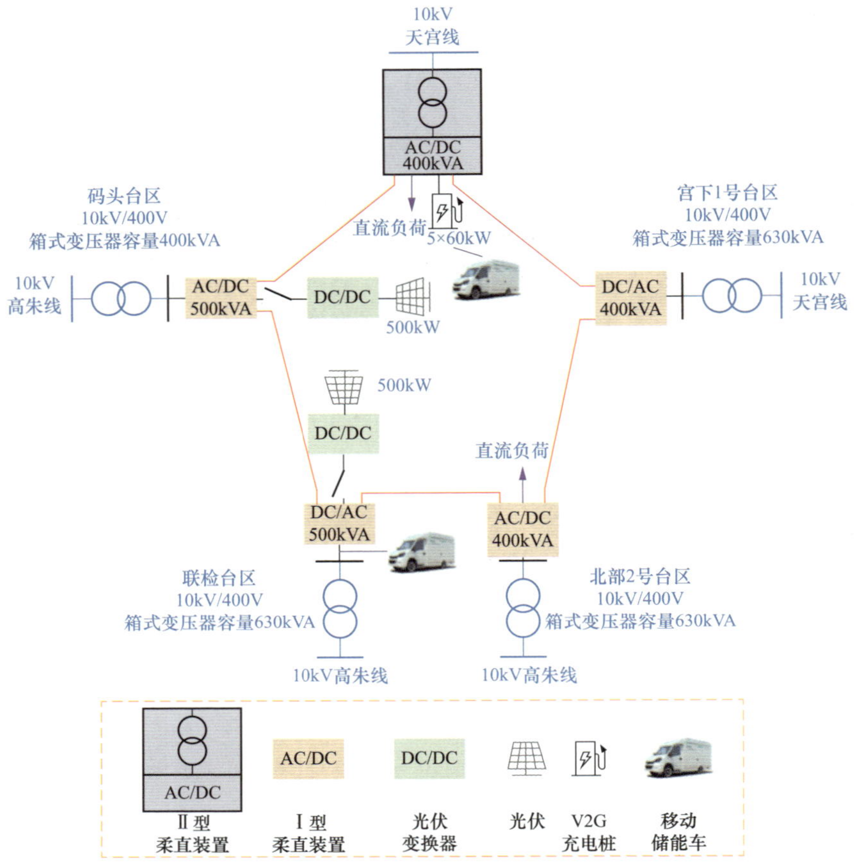

图 5-15　湄洲岛多端互联低压柔性互联微电网示意图

图 5-16　湄洲岛微电网柔性互联装置现场装置图

图 5-17 湄洲岛微电网配套移动储能车

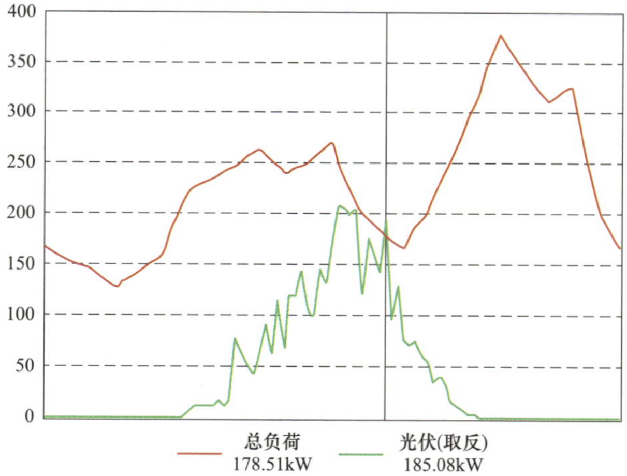

图 5-18 台区间清洁能源自平衡

当台区出现重载时，通过柔性互联系统实现台区间功率互济。如 2022 年 8 月 7 日 18：33 北部 2 号台区负载 389.52kW，触发柔性互联系统互联互济功能（台区负载率越限阈值设置为 60%），将台区负载降低至 378kW，剩余 11.52kW 由宫下 1 号台区转供，避免台区出现重载运行，台区间功率互济如图 5-19 所示。

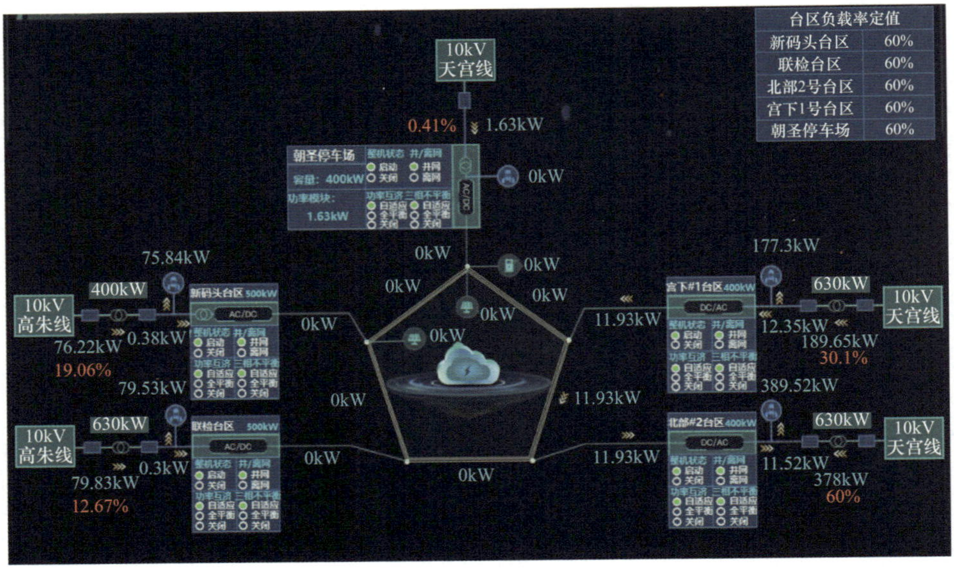

图 5-19　台区间功率互济

通过配电主站、台区智能融合终端、柔性互联系统协调控制器协同控制，设定台区光伏消纳顺序，实现台区光伏有序就地消纳。如 2022 年 8 月 8 日 12：45 码头台区光伏发电功率 200kW，由配电主站设定“码头、联检台区优先消纳光伏电量，北部 2 号台区消纳剩余光伏电量”，并将指令下发台区智能融合终端和柔性互联系统协调控制器。实现了光伏在台区层面的有序就地消纳，避免由于光伏倒送产生的电压越限、损耗增加等问题，台区光伏就近就地消纳如图 5-20 所示。

5.3.3　泉州翔云台区组共享储能系统示范

1. 工程背景

泉州南安翔云镇，因其海拔高、光照充足，在光伏扶贫、乡村振兴等国家政策驱动下，台区接入了大量光伏，截至 2021 年末，翔云镇已接入分布式光伏 11.89MW，占 35kV 翔云变电站容量的 86.9%，超过三分之二的配电变压器有分布式光伏接入。高比例的分布式光伏接入山区农村低压配电网，带来了一系列问题，如光伏单相接入导致台区三相不平衡、分布式光伏接入点电压双向越限、光伏就地消纳困难等。

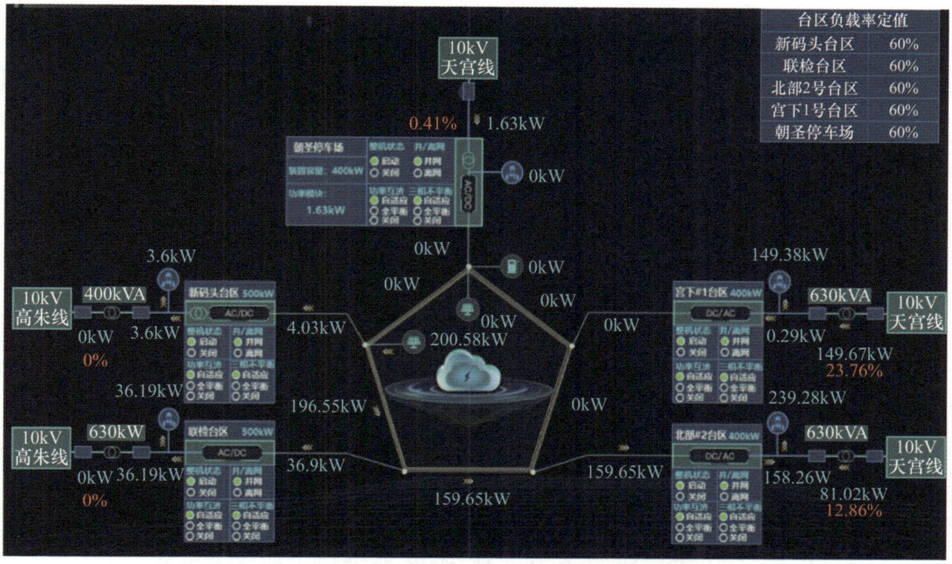

图 5-20 台区光伏就近就地消纳

台区组共享储能系统示范工程选取的四个台区情况如表 5-1 所示。其中翔云 5 号负载较大，无光伏电量倒送；金安 3 号、金安 4 号负载较小，翔云 6 号负载较大，三个台区光伏电量均无法在台区内消纳，存在光伏倒送现象。

表 5-1　　共享储能台区情况

台区	配电变压器容量/kVA	光伏装机容量/kW	光伏装机渗透率
金安 3 号	100	80	80%
金安 4 号	400	115.6	28.9%
翔云 5 号	400	107	26.8%
翔云 6 号	400	323.2	80.8%

在工程投运前，光伏发电导致台区电压越限，翔云 6 号台区典型日电压曲线如图 5-21 所示，可见翔云 6 号台区在白天光伏大发时台区电压范围为 217～243V，电压越限，超过电压质量合格范围 198～235.4V 的要求。

2. 技术方案

国网福建电力提出的台区组共享储能系统示范工程，是国内首个多台区电池单元共享型储能系统。在多个台区分别配置储能单元，复用共享储能系统变流器，通过直流母线连接各台区和储能单元，台区和储能单元的能量管理以智能融合终端为控制核心，实现多台区能量的区域时空转移，以及电池资源共享，最大限度降低储能容量配置，解决台区电压越限、三相不平衡等问题，台区组分布式光伏协同高效消纳。

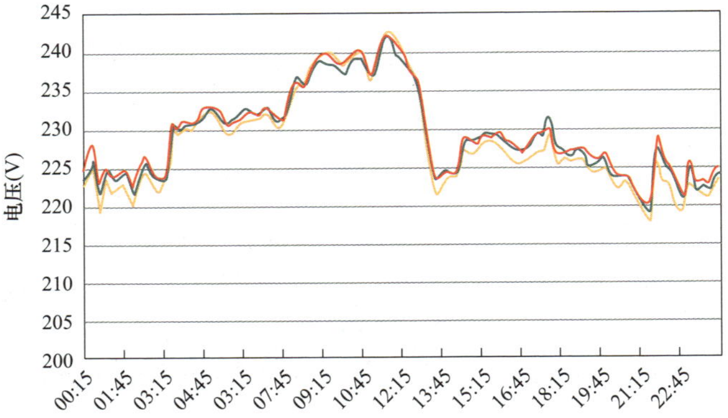

图 5-21　翔云 6 号台区典型日电压曲线

泉州翔云台区组共享储能系统示范工程在翔云镇金安 3 号变压器、金安 4 号变压器、翔云 5 号变压器、翔云 6 号变压器四个台区分别配置一套 50kW/62.7kWh 共享储能单元，通过直流母线连接四个台区电池单元，实现多台区电池资源共享，台区组共享储能系统示意图和工程现场如图 5-22 所示。

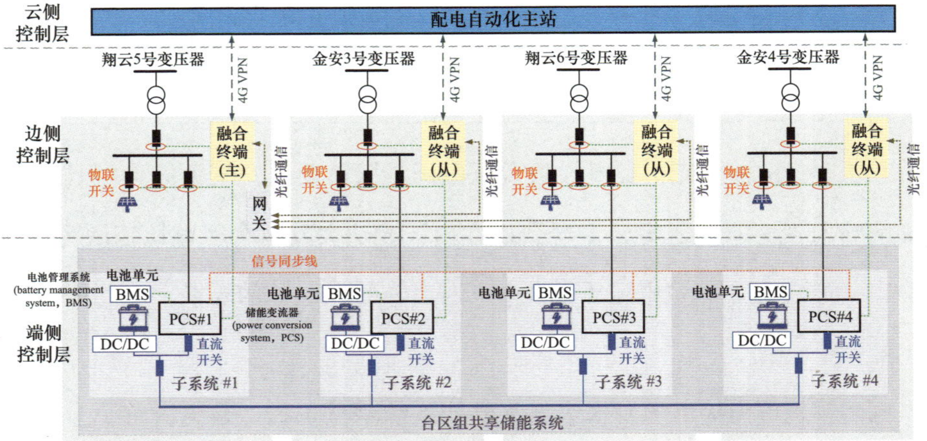

(a) 系统示意图

图 5-22　台区组共享储能系统示意图和工程现场（一）

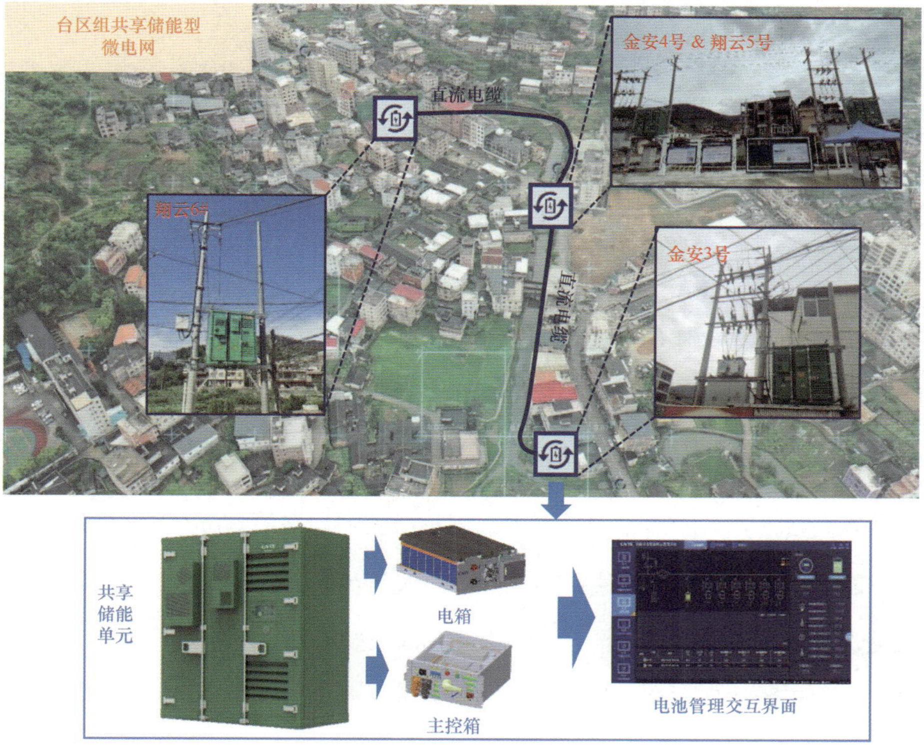

(b) 工程现场

图 5-22　台区组共享储能系统示意图和工程现场（二）

3. 应用成效

（1）光伏消纳与重载治理。共享储能系统参与光伏消纳及过重载治理曲线如图 5-23 所示，以 2022 年 4 月 22 日为例，当天 10：47：28 出现较大光伏发电功率情况，金安 4 号、金安 3 号存在光伏倒送情况，倒送功率分别为 41kW 与 14kW。4 个台区平均负载率接近为 0，具备光伏就地消纳与转供条件。此时，共享储能系统投入参与光伏消纳，4 个台区的共享储能单元参与吸收光伏功率 132.6kW，翔云 5 号负载率为正，且具备参与光伏功率转移消纳条件，翔云 5 号台区的 PCS 变流器转出功率 50kW，实现翔云 5 号台区负载率降低约 12.5%，4 个台区平均负载率提升约 5.9%。4 月 22 日 10：00～12：00，投入共享储能系统后，光伏倒送损耗可下降约 19.8kWh。

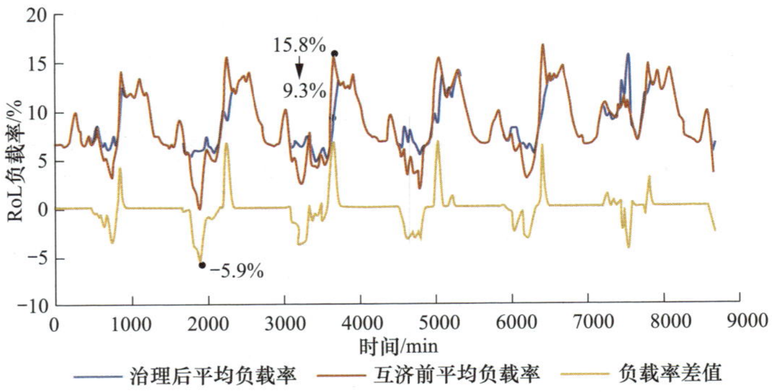

图 5-23　共享储能系统参与光伏消纳及过重载治理曲线

光伏消纳策略启用前后台区负载率对比如图 5-24 所示，翔云 5 号台区作为负载率较高台区，策略启用后承担光伏满负荷消纳功率约 50kW，该台区平均负载率下降约 11.6%。策略启用前，翔云 6 号、金安 4 号与金安 3 号台区均存在光伏倒送现象。策略启用后，三个台区光伏倒送功率部分转移至翔云 5 号台区进行消纳，无法消纳部分存储于共享储能系统。其中，金安 4 号与金安 3 号台区均无倒送功率，翔云 6 号台区倒送功率降低 50%以上。

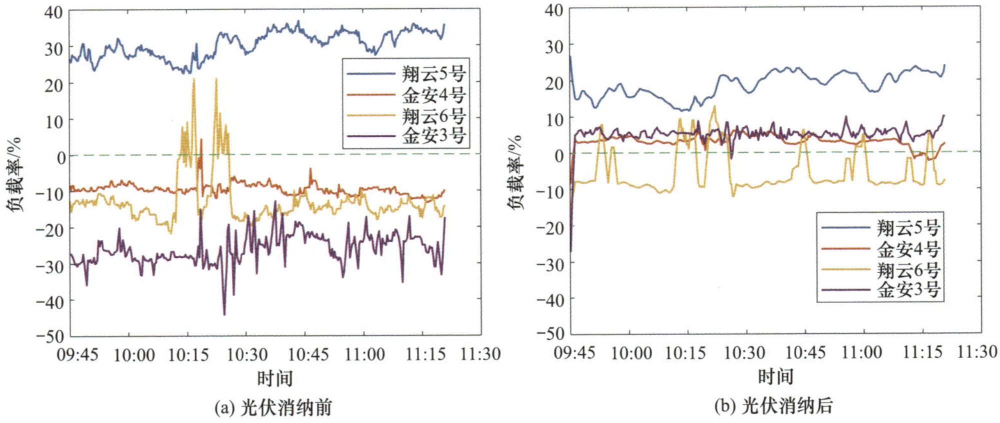

图 5-24　光伏消纳策略启用前后台区负载率对比

（2）电能质量治理。共享储能系统同时具备电能质量主动治理功能，为避免功能频繁投切，配置三相不平衡电流治理策略的触发阈值为台区负载率大于 20%、三相不平衡度大于 60%，且持续一定时长。2022 年 4 月 16 日，翔云 5 号台区的三相电流不平衡在 14：00 达到 70%，配电变压器负载率超过 20%且持续时长超过 2h。该台区的共享储能单元启动电能质量主动治理策略。翔云 5 号台区三相不平衡治理曲线如图 5-25 所示，在 14：00 前存在三相电流不平衡现象，且电流不平衡度大于 60%，14：15 左右触发三相不平衡治理功能，基于分相功率独立控制算法，实现三相不平衡度治理，三相不平衡度由最高的 71%可下降至 22%。

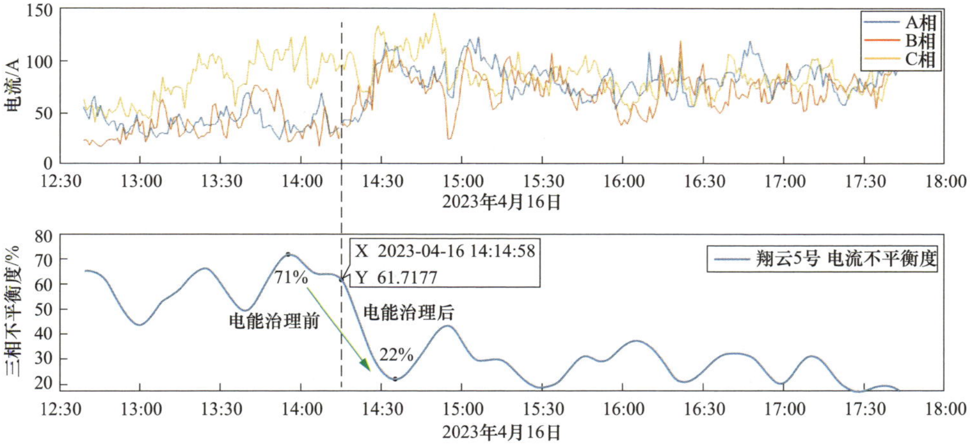

图 5-25　翔云 5 号台区电流与三相不平衡度曲线

（3）储能电池充放电状态（state of charge，SOC）管理。共享储能系统电池单元每日完成一次完整充放电循环，储能 SOC 控制采用日间光伏消纳与夜间闲时放电策略。2022 年 4 月 14 日～5 月 6 日台区共享储能 SOC 变化情况如图 5-26 所示，7：00～17：00，按实际运行所需，进行充电或放电，在白天从 30%SOC 持续消纳台区光伏发电电量。17：00～次日 6：59，按 0.5C 放电倍率（25kW）放电，持续到 18：00，向直流母线放出功率，直至储能单元 SOC 为 30%。次日 7：00 后，PCS 再次开机，进入次日充放电循环。

5.3.4　福建台区柔性直流调压示范

1. 工程背景

福建位于东南沿海，山地、丘陵面积约占全省总面积 90%，电网常年

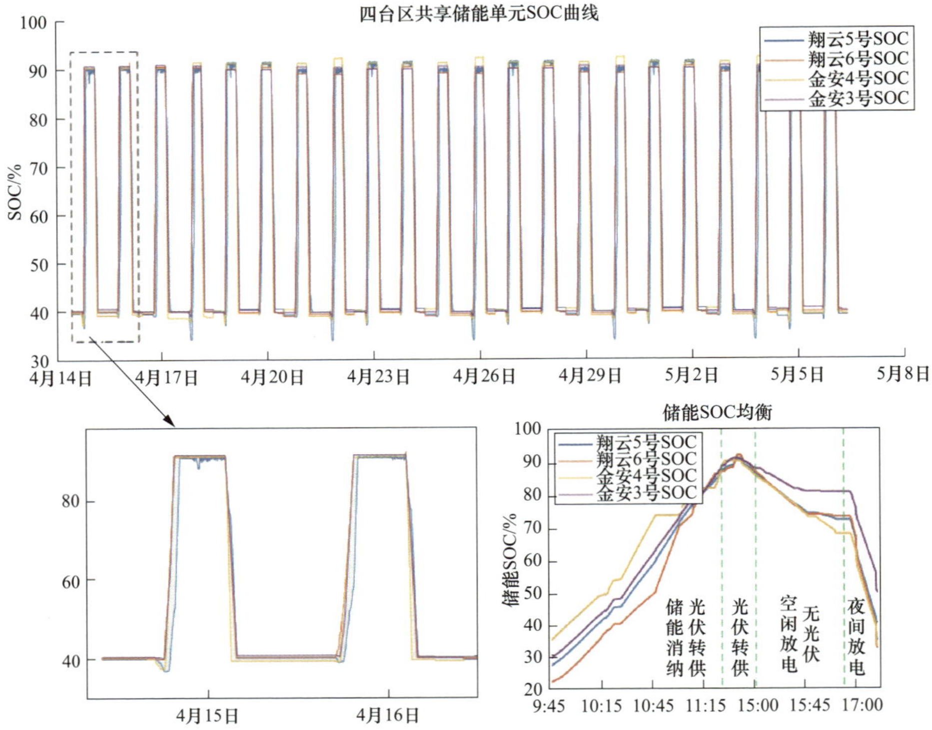

图 5-26　台区共享储能 SOC 变化情况

面临台风、雷击、盐雾污腐等灾害考验。福建季节性、周期性负荷特征明显，如以安溪、武夷山等地区为代表的典型制茶产业区，以漳浦、霞浦等地区为代表的典型养殖区，季节性和周期性负荷波动极大影响电网的可靠、高效运行。

以制茶负荷为例，安溪县茶叶生产一般主要集中在春、暑、秋三季，每季持续 15～25 天，全年共 45～75 天。其中春、秋两季制茶用电高峰，主要集中在“立夏”“寒露”节气期前后（茶季高峰期每天的 5：00～7：00、9：00～12：00 两个时间段最为集中）。同时，由于茶叶制作机械全面普及，茶叶初制阶段的摇青、炒青、揉捻、烘焙、包揉等主要环节全部实现自动化、电气化、机械化，一套茶叶初制机械的总功率约为 20kW，每户茶农均有 2～3 套茶叶初制机械，引导用户错峰用电较难实现。在极高同时率的情况下，整个配电变压器台区茶农集中使用大量大功率制茶设备，茶叶制作尖峰负荷随之产生，由此引起线路、配电变压器设备满超载，乃至局部区域、局部时段“低电压”现象，2022 年春秋制茶期间负荷曲线如图 5-27 所示。

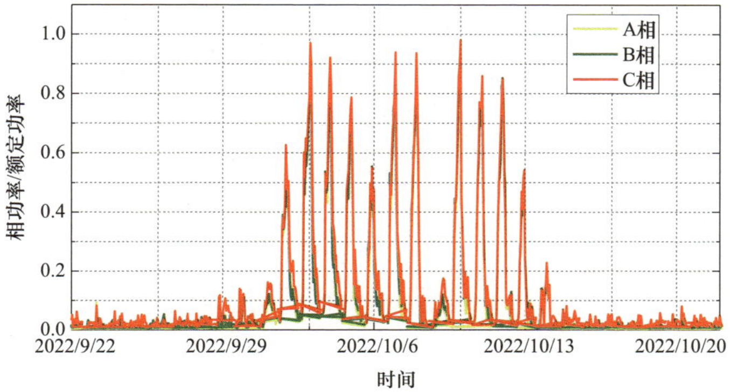

(a) 某制茶台区负荷曲线

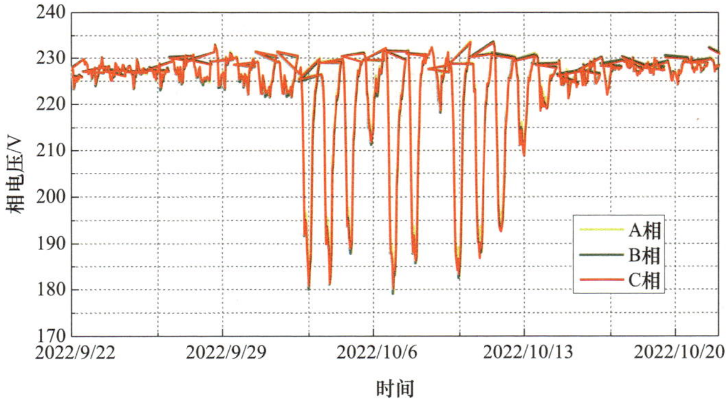

(b) 某制茶台区电压曲线

图 5-27　2022 年春秋制茶期间负荷曲线

2. 技术方案

国网福建电力采用基于柔性直流技术的低电压治理方案，通过两个背靠背变流器构成柔性电压调节装置（flexible voltage regulator，FVR）。基于柔直技术的电压调节方法如图 5-28 所示。

串联型 FVR 适用于长距离供电、分支少或者无分支的低压配电网，如图 5-28（a）所示。该方案将直流系统串联在原交流线路中，充分利用原有的线路走廊，在低压配电线路前端使用整流设备，将交流电整流为直流电，在低电压用户侧

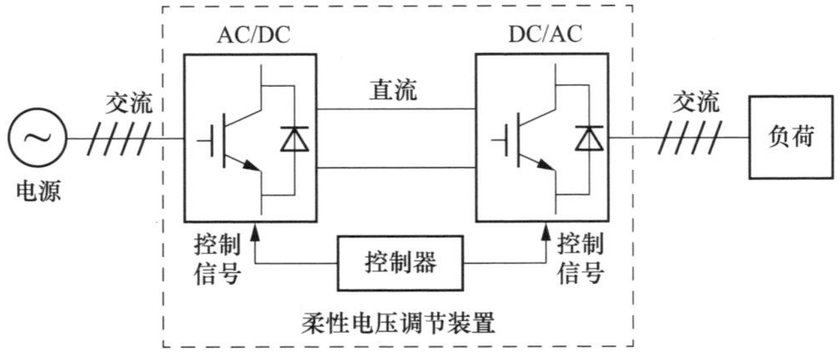

(a) 串联型

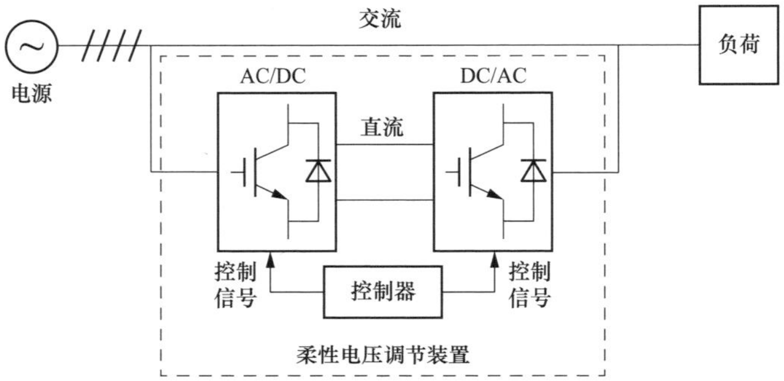

(b) 并联型

图 5-28　基于柔直技术的电压调节方法

使用逆变设备，将直流电逆变为交流电，给用户进行供电。根据 GB/T 35727—2017《中低压直流配电电压导则》规定，直流侧电压宜采用±375V，极间电压 750V。因此，原有交流线路的绝缘耐压为 1kV 以上，可以利用原有的交流线路进行直流电流输送。串联型 FVR 方案对其他分支用户无影响，但也无法提升其他分支路电压。

当低压配电网中有多个线路分支且低电压用户点较为分散时，串联型 FVR 方案无法适用。因此，需要采用并联型 FVR 方案，如图 5-28（b）所示。

并联型 FVR 方案需要从靠近台区侧的正常电压点重新布置 2 条直流线路至末端用户，以减少原交流线路的传输功率，从而提升用户点电压。直流线路与交流线路可以同杆架设，以减少线路走廊的建设费用。并联型 FVR 方案可解决多点用户低电压问题，且不影响原交流线路用户的正常用电，具有更灵活的并网接入能力。

3. 应用成效

(1) 串联型案例。台区情况：渡塘三变台区配电变压器容量 400kVA，共有 47 个用户，供电半径约 1.2km，台区出口电压 235V，低电压区域最大功率约为 15kW，低压侧 2 路分支其中 1 路末端有 2 个用户，正常用电时电压为 190V 左右，台区线损为 2%～6%。

方案设计：考虑到 A03 杆电压较为稳定，且 A03 杆和 A10 杆之间无用户，因此选取串联型 FVR 方案，串联型 FVR 方案示意图如图 5-29 所示。整流模块安装在 A03 杆，将三相交流电转化为直流电，利用 A03～A10 杆原有交流线路进行直流电能传输。在线路末端 A10 杆安装逆变模块，将直流电转化为交流电供用户使用。

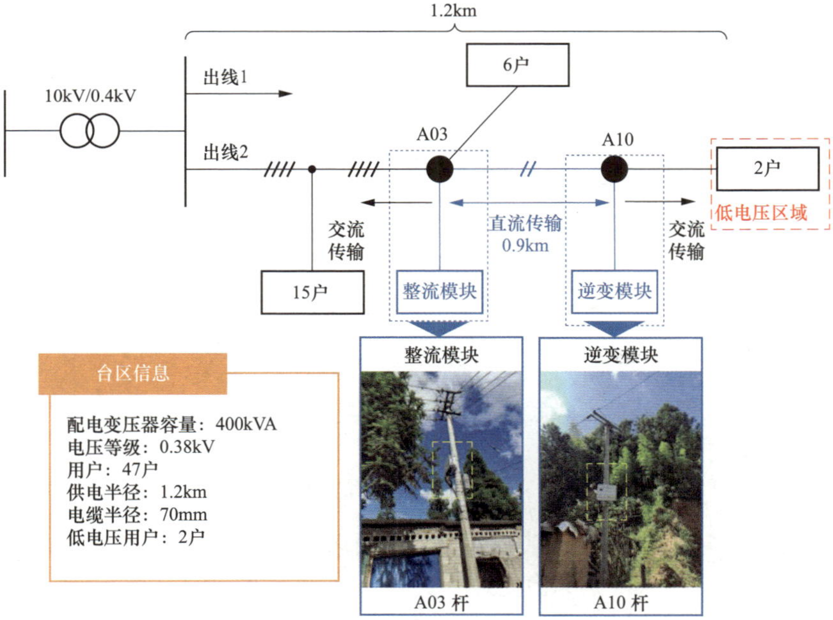

图 5-29　串联型 FVR 方案示意图

治理效果：采用串联型 FVR 方案后，末端用户的电压稳定保持在 225V，线损率降低至 1%～3%，串联型 FVR 方案治理情况如图 5-30 所示。

(2) 并联型案例。台区情况：燕子窠配电变压器容量为 160kVA，共有 18

个用户，低压 2 回出线，供电半径约 2km，日供电量 130～210kWh。2021 年最大负载率 45.2%。由于低压供电线路过长，在季节性负荷期间（制茶、返乡），台区末端 2 个用户电压长期处于低电压状态（小于 180V），台区线损为 3%～9%。

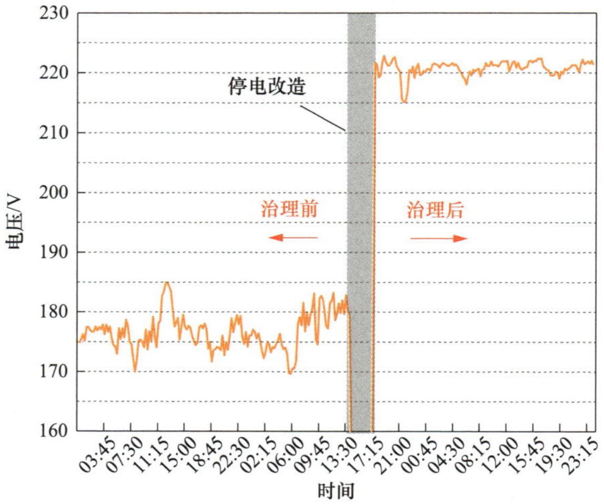

(a) 治理前后用户点电压曲线

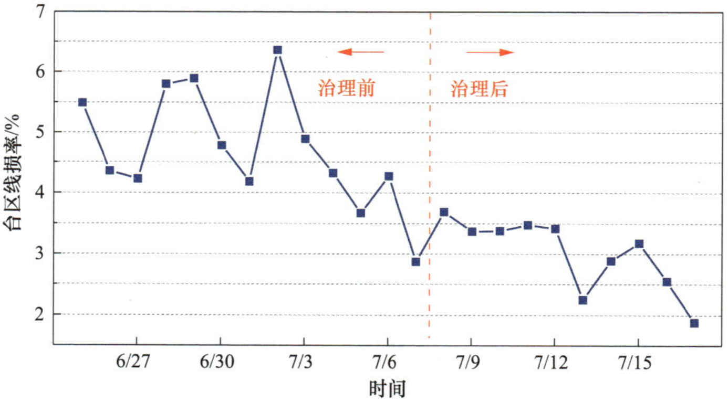

(b) 治理前后台区线损曲线

图 5-30　串联型 FVR 方案治理情况

方案设计：考虑到 A04 杆电压较为稳定，且 A04 杆和 A11 杆之间存在另外 2 个用户，因此选取并联型 FVR 方案，并联型 FVR 方案示意图如图 5-31 所示。整流模块安装在 A04 杆，将三相交流电转化为直流电，A04～A11 杆同杆架设 2 条直流线路进行电能传输。在线路末端 A11 杆安装逆变模块，将直流电转化为交流电供用户使用。

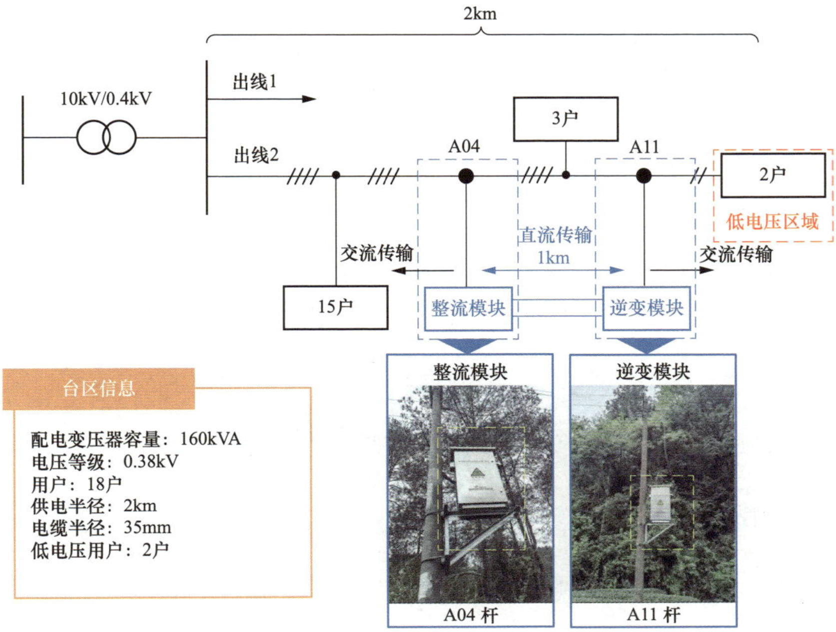

图 5-31　并联型 FVR 方案示意图

治理效果：采用并联型 FVR 方案后，末端用户的电压稳定保持在 220V，台区线损率降低至 4%以下，并联型 FVR 治理情况如图 5-32 所示。

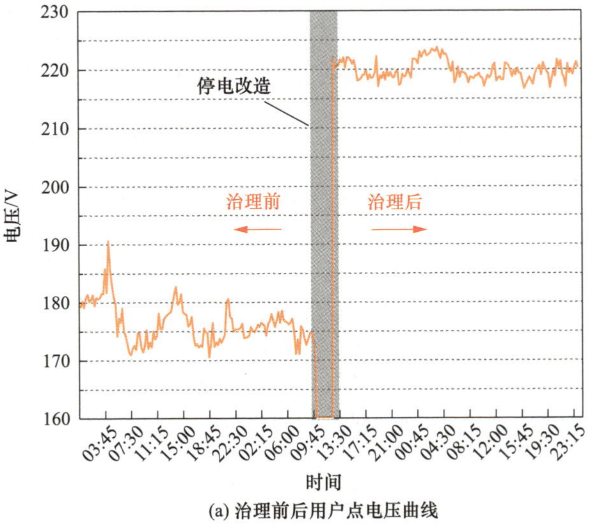

图 5-32　并联型 FVR 治理情况（一）

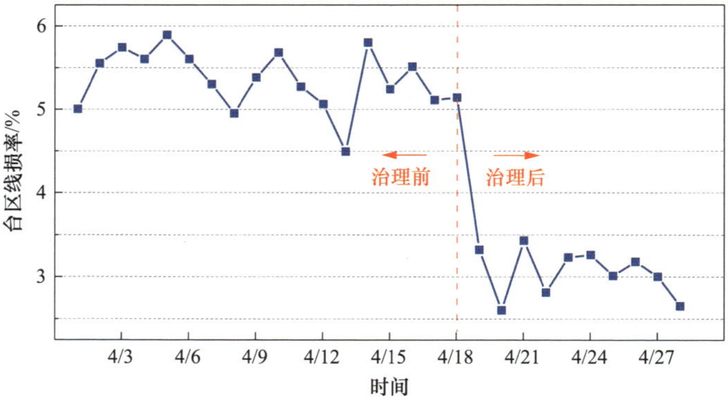

(b) 治理前后台区线损曲线

图 5-32　并联型 FVR 治理情况（二）

5.4　能量路由系统柔性互联案例

5.4.1　泉州沙堤村能量路由器示范

1. 工程背景

石狮市永宁镇沙堤村位于海滨，太阳能资源丰富，年利用小时数超过 1300h。沙堤村建设整村屋顶分布式光伏，存在光伏发电电量倒送等问题，影响配电网安全稳定运行。沙堤村户用分布式光伏具有以下特点：一是单个台区接入点多而分散；二是单户接入容量小（最小 3kW，最大 10kW），接入电压等级均为 220V；三是均为自发自用，余电上网；四是单户装接容量较用户用电容量大（沙堤村户均容量 3.85kW）；五是沙堤村地处黄金海岸，光照资源好，年利用小时 1250h 左右。沙堤村居民屋顶光伏如图 5-33 所示。

2. 技术方案

该示范工程选取沙堤村 1、10 号台区，建设基于中压直挂电力电子变压器的能量路由系统，基于中压直挂电力电子变压器的能量路由系统如图 5-34 所示。能量路由器电路原理图如图 5-35 所示。沙堤村 1、10 号台区容量均为 400kVA，光伏装机渗透率分别为 61.36%、39.75%，均为余电上网，最大负载率分别为 78.75%、53%，台区概况如表 5-2 所示。

图 5-33 沙堤村居民屋顶光伏

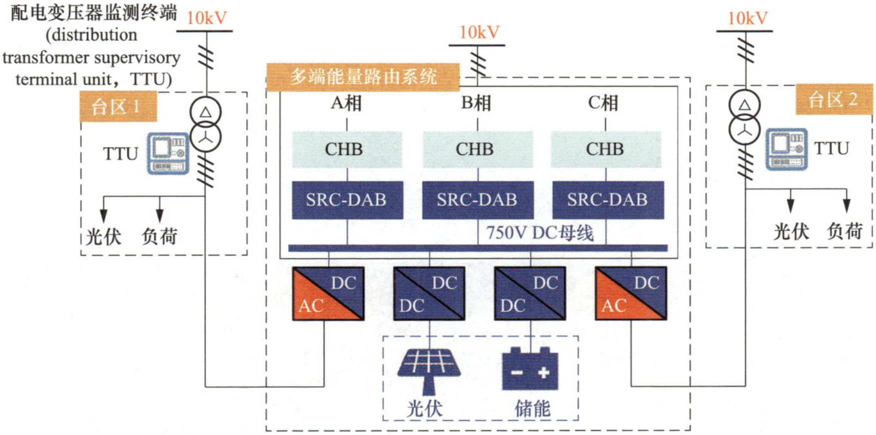

图 5-34 基于中压直挂电力电子变压器的能量路由系统

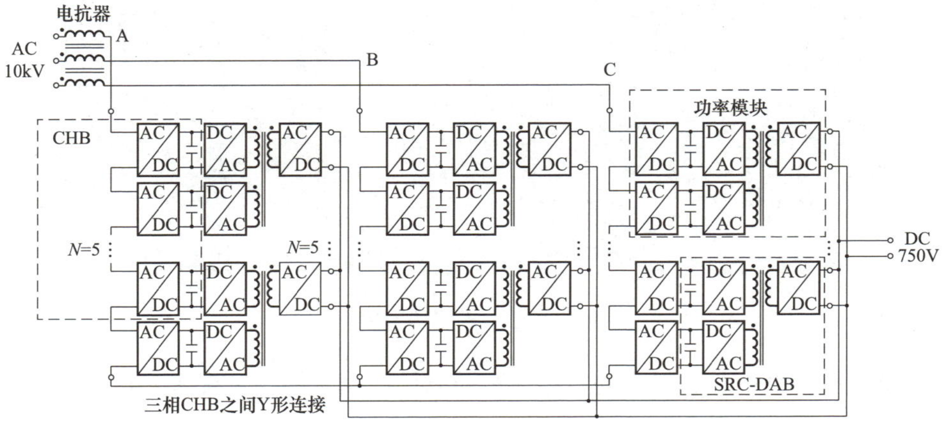

图 5-35 能量路由器电路原理图

表 5-2　　　　台 区 概 况

台区	额定容量/kVA	光伏容量/kW	光伏用户数	光伏装接渗透率	年最大负载率	年最小负载率	年平衡负载率	上网电量/kWh	发电量/kWh
沙堤村 1 号	400	245.4	66	61.36%	78.75%	0.00%	20.41%	247589	340778
沙堤村 10 号	400	159	44	39.75%	53.00%	-27.2%	12.75%	162481	221188

沙堤村 1、10 号台区分别有 50、29 户用户已办理好接入分布式光伏手续，申请容量分别为 190、110.2kW，预计总光伏接入容量分别为 349、185.2kW，预计光伏渗透率分别达 87.25%、37.04%。

3. 应用成效

能量路由系统由一套 10kV/630kVA 电力电子变压器、2 套 250kVA 柔性互济装置组成，实现了 10kV 交流、380V 交流、750V 直流的安全、可靠、智能及高效转换，工程现场图如图 5-36 所示。该系统融合先进信息技术和电能变换技术，以直流的方式将不同台区相联，提高了分布式电能利用和调控能力，以及源网荷协调优化运行水平。

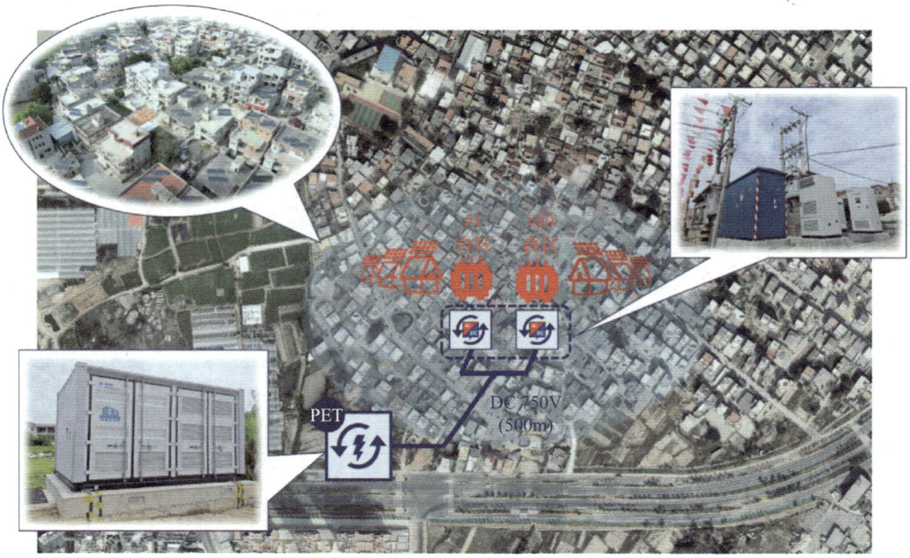

图 5-36　工程现场图

能量路由系统具备较强的边缘计算和能量调控功能，可接入光伏发电设备、新能源汽车充电桩和直流配电网系统等，结合台区智能融合终端，实现能效诊断、智能调控、需求响应、用能监测、智能运维、多台区能量互补等功能。

5.4.2 泉州城东能量路由器示范

1. 工程背景

福建泉州新能源汽车保有量52026辆（不包括异地牌照），其中2022年上半年新增10675辆，电动汽车保有量保持快速增长态势。目前现有公共充电桩6599个，2019年已实现高速公路服务区充电站全覆盖，同时中心市区1.8km充电服务生态圈已形成。

以泉州中骏世界城电动公交车站为例，如图5-37所示为电动公交车站充电站日负荷曲线（1月）。由于电动公交车是按照统一的计划安排进行有序充电，充电时间主要集中在22：30～次日1：30，高峰充电负荷是低谷充电负荷的10倍以上，充电站的配电变压器利用率较低。

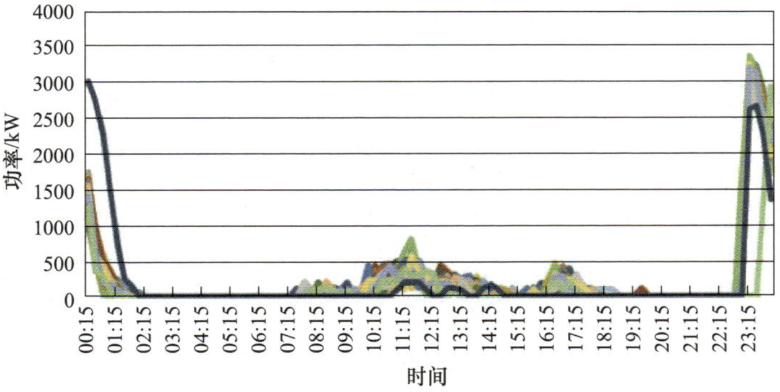

图5-37　电动公交车站日负荷曲线

社会充电站的负荷变化更加复杂，以泉州“蜗牛之家”充电站为例，充电站总容量2400kVA（3台800kVA箱式变压器），充电桩建设有34台充电桩2100kW，以及300kW换电站，230kW光伏，充电高峰负荷主要有三个时段：11：30～14：00、16：30～17：30、23：00～次日00：30。充电站高峰充电负荷可以达到2000kW，高峰充电负荷是低谷充电负荷的10倍以上，最大负载率超80%。社会充电站对于配电网的影响更加明显。泉州“蜗牛之家”充电站日负荷曲线如图 5-38 所示。

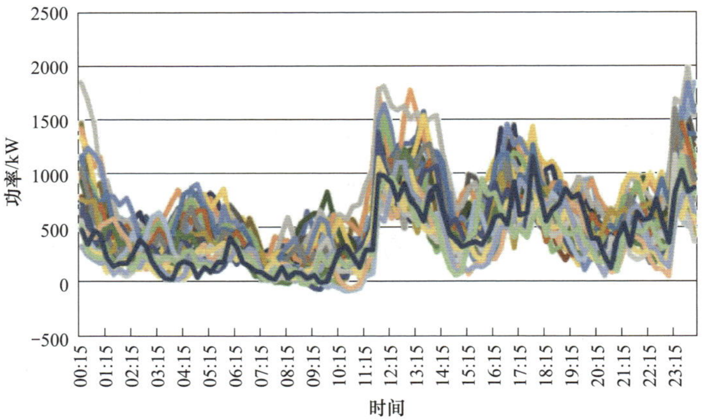

图 5-38　泉州“蜗牛之家”充电站日负荷曲线

2. 技术方案

本项目以电力电子变压器（能量路由器）为核心设备，具有多端口、多级联、多流向和多功能形态。能量路由器内部采用级联 H 桥拓扑结构（CHB），以及基于高频隔离变压器的 DC/DC 双有源桥（DAB）拓扑结构，实现 AC 10kV、DC 750V 的安全、可靠、智能及高效转换。同时起到了中压直挂式交直流变换功能，特别适合应用于大型充电站等新兴业务场景，具有宽范围的高效率运行区间，相较于当前降压变压器＋充电机的模式，整体实现设备一体化，提升了运行效率，是面向未来 5～10 年大型充换电场站的重要供电方法和网荷互动模式。技术路线见图 5-39 所示。

本项目以能量路由器为核心，开展低压台区柔性互联。本项目台区互济系统的主要应用场景：

（1）解决浔美村 6 号箱式变压器重载，以及浔美村 6 号变压器三相负荷不平衡的问题，为浔美村 6 号变压器的“夜市经济”和用户提供第二电源，提高供电可靠性。

（2）将多余的直流侧光伏发电通过台区互济系统转移至台区，实现光伏发电就地消纳。

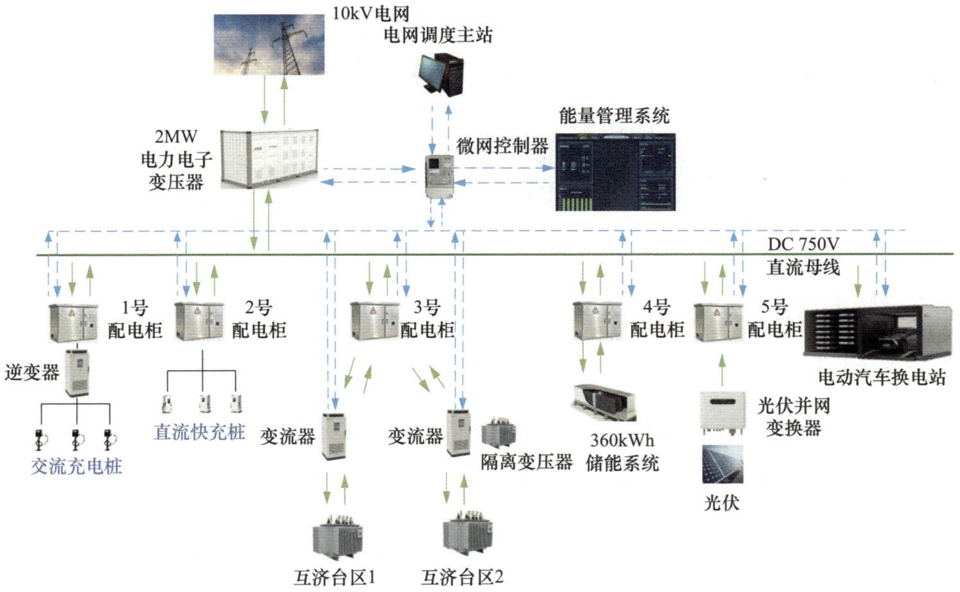

图 5-39　技术路线图

3. 应用成效

(1) 结合浔美村现有条件和规划需求，开展台区直流互联微电网建设，通过功率互济装置，将浔美村 6 号公用变压器接入互联微电网，实现台区与能量路由器的能量时空互补和台区高可靠供电。项目建成后，实现浔美村 6 号箱式变压器的动态增容，预期浔美村 6 号箱式变压器负载率将由 98.47%降为 70.1%，有效地解决原有台式变压器存在的重过载、低电压及满足新增负荷发展需求等问题，以消除安全隐患，提高线路供电可靠性。

(2) 可有效抑制充电负荷频繁投退所带来的负荷剧烈变化对电网带来的冲击，给电网提供惯量与阻尼，平滑负荷曲线。

(3) 可响应调度，通过多端口能量路由器的能量管理系统，对接入的光储充设备进行功率协调控制，并结合多端口能量路由器的剩余容量，使用多端口能量路由器中压并网端口对电网进行有功、无功支撑。实现发电和用电的调节与优化控制，与电网进行双向互动，提高电网的灵活性、适应性和可控性。

(4) 将能量路由器作为电网网格化管理的局部电网能量调节枢纽，为电网提供更强的电网支撑能力，实现与电网的友好互动和局部电网自治。

（5）针对传统配电网台区场景，提升满足安全稳定运行约束条件下台区的动态承载能力，同时满足融合台区的用电安全边界、充电负荷同时率、用户满意度等需求，应用交、直流充电负荷动态功率平衡控制技术与配电网台区侧协同优化控制策略，达到充电负荷100%同时率的充电需求，实现配电变压器实时负载率与充电桩群的充电功率的协调控制。

（6）针对光伏、储能等分布式资源与大功率快充负荷的聚合需求，构建基于能量路由器的快充站系统，实现快充站多样化充电需求与分布式能源功率动态协同调控，满足快充站充电负荷的柔性控制，提供能量路由器与配电网交互控制技术，实现与配电网的能量双向流动，提高配电网的运行性能。

（7）充分挖掘充电负荷聚合后的调节潜力，发挥充电负荷柔性调节能力，有效提升配电网主动管控能力，提升存量配电网对大规模充电负荷的接纳能力。通过能量路由系统提升配电网功率平衡能力及安全稳定性，缓解用电高峰时段区域性电力平衡压力，有利于增强存量配电网供电可靠性，推进充电负荷资源参与电网调控，为车网友好互动奠定基础，对提升电网负荷侧调控能力具有积极意义。

6 发展展望

在未来配电网中，随着分布式发电、电动汽车等技术的进步，配电网的形态将进一步趋于复杂。柔性互联技术将有可能成为新型配电网“柔性可控、绿色安全”的重要支撑。为进一步促进柔性互联技术在配电网中的发展和应用，有待开展如下几个方面的工作。

1. 模块化、高效、紧凑型柔性互联设备关键技术

柔性互联设备的核心仍是少数国外厂家生产的IGBT等硅基半导体器件，这也是造成设计占地面积大、体积大、成本高等诸多问题，限制其进一步推广的重要原因之一。半导体器件的发展对柔性互联设备的技术发展有重要作用。在“十三五”期间，国内相关厂家先后推出了国产IGBT器件产品，并开展了百千瓦级电力电子设备研制工作，但不能完全满足柔性互联应用场合的需求。

以碳化硅为代表的第三代半导体器件发展迅速，可承载的电压和电流水平已能满足配电网柔性互联的应用需求。但未实现器件的自主可控，同时在体积、重量等方面尚不能满足目前配电网实际工程化应用的要求。因此，需要研究柔性互联设备的模块化设计技术，基于自主可控国产化的硅基和碳化硅基半导体器件，围绕“紧凑化”和“轻量化”特征研制柔性互联设备，充分挖掘并发挥利用碳化硅器件的优势，研发基于第三代半导体，且具有经济、高效、紧凑、实用等优点的功率模组，并形成系列化设备，可为构建新型配电系统、大规模新能源接入提供核心柔性设备支撑。

2. 多端口柔性互联和储能型柔性互联技术

未来配电网将向着高可靠、高韧性发展，并衍生出包括蜂巢状配电网、柔

性配电网等在内的多种新形态，这对柔性互联设备在端口数、接入电压等级、电能存储能力等方面提出了新的需求。开展柔性互联设备新型拓扑研究，是高可靠、高韧性配电网发展的重要方向。

在三端口及以上多端口配电网柔性互联应用中，直流型柔性互联技术应用较多，交流型柔性互联技术还处于少量试点应用，但其在设备体积及生产成本上具备潜在优势，是多端口柔性互联应用的潜在发展方向，仍需在拓扑结构等方面进行深化研究与试验验证。

此外，配电网对柔性互联的储能能力提出了新需求，通过融合储能及光伏等，可以提升柔性互联系统调控的灵活性。储能等元素的接入增加了柔性互联的复杂程度，其拓扑结构与控制方法也会更加多样化。因此，需要研究适应未来高可靠、高韧性配电网的多端口柔性互联拓扑和储能型柔性互联拓扑，并研发可适配多应用场景、具备多种运行模式的可扩展、低成本的系列化多端口柔性互联设备。

3. 柔性互联装置的故障穿越和协同控制技术

在配电网应用实践中，变压器降压型柔性互联设备在现阶段具备技术成熟度高和经济性较优的优势。然而，非隔离型柔性互联设备可以进一步减小投资成本、占地面积和运行损耗。因此，取消隔离变压器，进而研制非隔离型柔性互联装置，可以大幅降低设备的重量、体积和成本，是配电网柔性互联的重要发展方向。

围绕配电网多变电站/馈线/台区互联和微电网柔性互联等典型应用场景，非隔离型柔性互联下零序分量、共模电压等问题将愈发突出。同时，在配电网中，尤其是新能源高比例接入下，柔性互联设备作为配电网枢纽，是提升电网复杂工况适应性和故障支撑能力的关键，需要借助柔性互联设备适应弱电网的稳定控制技术，甚至故障工况下的故障穿越控制技术，为配电网的稳定运行提供支撑。与此同时，针对新型配电网中柔性互联装置、分布式新能源之间存在的振荡问题，需要借助振荡抑制技术来提升配电网的系统稳定性。

因此，下一步围绕零序分量抑制、故障工况应对、振荡抑制等工程应用过程中亟需解决的问题，开展非隔离型柔性互联装置的故障穿越和协同控制技术研究，进一步提升中压配电网非隔离型柔性互联设备的技术成熟度，推动示范项目的开展。

4. 基于配电网柔性互联的多区域虚拟电厂优化调度模式

配电网柔性互联技术有效解决了不同地区资源互联互供、电力资源和负荷需求不匹配的问题，为虚拟电厂的协同优化调度技术的应用和实践提供了基础和条件。出力不稳定的新能源通过柔性互联系统进行管控，也可以参与电力市场竞价。

配电网柔性互联系统虽与公网相连，满足了虚拟电厂的运行条件，但柔性互联系统的目的仍主要在于“自治”，即以分布式电源和就地应用为主要控制目标，虚拟电厂则强调“参与”，能够聚集各种分布式能源，参与电网高级调度和市场化交易，基于虚拟电厂的优化调度技术，可展现柔性互联系统对外呈现的效果和功能，并使得配置储能的柔性互联系统在电力市场中获得一定收益。

我国不同地区在自然资源、社会发展，以及负荷种类、水平等方面各有差异。配电网柔性互联不能采用固定标准的模式。因地制宜，选择合适的互联场景作为试点，可充分发挥互联系统源—网—荷—储—充在负荷管理和多能流调度方面的优势，并结合 5G、物联网、虚拟电厂等新技术开展实践工作。

参 考 文 献

[1] 孙宏斌，郭庆来，潘昭光，等. 能源互联网：驱动力、评述与展望 [J]. 电网技术，2015，39 (11)：3005-3013.

[2] 魏怡. 直流混合配电网柔性互联技术研究 [D]. 保定：华北电力大学，2019.

[3] 茆美琴，丁勇，王杨洋，等. 微网——未来能源互联网系统中的“有机细胞”[J]. 电力系统自动化，2017，41 (19)：1-11.

[4] 胡鹏飞，朱乃璇，江道灼，等. 柔性互联智能配电网关键技术研究进展与展望 [J]. 电力系统自动化，2021，45 (08)：2-12.

[5] BLOEMINK J M，GREEN T C. Increasing distributed generation penetration using soft normally-open points [C]//IEEE PES General Meeting，July 25-29，2010，Minneapolis，USA：1-8.

[6] 王成山，宋关羽，李鹏，等. 基于智能软开关的智能配电网柔性互联技术及展望 [J]. 电力系统自动化，2016，40 (22)：168-175.

[7] CAO W，WU J，JENKINS N，et al. Benefits analysis of soft open points for electrical distribution network operation [J]. Applied Energy，2016，165：36-47.

[8] QIN H，WU R，ABD-EL-MOTALEB A M，et al. Utilization of back-to-back VSC in a distribution network with DG [C]//2016 IEEE International Conference on the Science of Electrical Engineering (ICSEE)，November 16-18，2016，Eilat，Israel：1-5.

[9] 姚宗强，赵长伟，马世乾，等. 含多端 SOP 的智能配电网运行优化及示范应用 [J]. 电力系统及其自动化学报，2018，30 (12)：66-72.

[10] ATTANASIO F，WASTERLAIN S，PIDANCIER T，et al. Low voltage soft open point with energy storage：system simulation and prototype preliminary test results [C]//2018 International Symposium on Power Electronics，Electrical Drives，Automation and Motion (SPEEDAM)，June 20-22，2018，Amalfi，Italy：254-261.

［11］ 葛乐，陆文涛，袁晓冬，等. 背靠背柔性直流互联的有源配电网合环优化运行［J］. 电力系统自动化，2017，41（6）：135-141.

［12］ JI H，WANG C，LI P，et al. An enhanced SOCP-based method for feeder load balancing using the multi-terminal soft open point in active distribution networks［J］. Applied Energy，2017，208：986-995.

［13］ 孙峰洲，马骏超，于森，等. 含多端柔性多状态开关的主动配电网日前-日内协调能量管理方法［J］. 中国电机工程学报，2020，40（3）：778-790.

［14］ HUANG A Q，CROW M L，HEYDT G T，et al. The future renewable electric energy delivery and management（FREEDM）system：the energy internet［J］. Proceedings of the IEEE，2010，99（1）：133-148.

［15］ 盛万兴，段青，孟晓丽，等. 电力电子化进程下的交直流无缝混合灵活配电系统研究［J］. 中国电机工程学报，2017，37（7）：1877-1889.

［16］ XU Y，ZHANG J，WANG W，et al. Energy router：architectures and functionalities toward Energy Internet［C］//2011 IEEE International Conference on Smart Grid Communications，October 17-20，2011，Brussels，Belgium：31-36.

［17］ 张福兴，桂勇华，张涛，等. 基于分层递阶的能源互联网系统能量管理架构研究［J］. 电网技术，2019，43（9）：3161-3174.

［18］ 孙利，陈武，蒋晓剑，等. 能源互联网框架下多端口能量路由器的多工况协调控制［J］. 电力系统自动化，2020，44（3）：32-39.

［19］ 盛万兴，兰征，段青，等. 自储能型能量路由器研究［J］. 电网技术，2017，41（2）：387-393.

［20］ 江道灼，徐宁，江崇熙，等. 蜂巢状有源配电网构想、关键技术与展望［J］. 电力系统自动化，2019，43（17）：1-11.

［21］ 陈杰涛. 蜂巢状配电网能量/信息交换基站研究［D］. 杭州：浙江大学，2019.

［22］ 王岸. SNOP 的研究及其在配电网中的应用［D］. 北京：北京交通大学，2015.

［23］ J. M. Bloemink and T. C. Green. Increasing distributed generation penetration using soft normally-open points［C］. Proc. IEEE Power Energy Soc. Gen. Meeting，Jul.

2010，1-8.

[24] W. Cao，J. Wu，N. Jenkins，et al. Benefits analysis of soft open points for electrical distribution network operation [J]. Appl. Energy，2016，165，36-47.

[25] OKADA N，TAKASAKI M，SAKAI H，et al. Development of a 6.6 kV-1 MVA transformerless loop balance controller [C]//International Conference on Power Electronics Specialists. Orlando，FL，USA：IEEE，2007：1087-1091.

[26] E. Romero-Ramos，A. Gomez-Exposito，A. Mara-no-Marcolini，et al. Assessing the loadability of active distribution networks in the presence of DC controllable links [J]. VIET Generation，Transmission&Distribution，2011，5：1105-1113.

[27] 杨勇，李继红，周自强，等. 智能配电柔性多状态开关技术、装备及示范应用 [J]. 高电压技术，2020，46 (4)：9.

[28] 葛少云，杨赞，刘洪，等. 含四端 SOP 有源配电网可靠性和供电能力评估 [J]. 高电压技术，2020，46 (04)：1124-1136.

[29] 葛少云，周晨曦，刘洪，等. 考虑环间接入模式及可靠性影响的有源配电网软开关规划 [J]. 电力系统自动化，2021，45 (08)：120-128.

[30] 刘洪，李其哲，徐晶，等. 网孔型中压配电网组网形态、核心特征与研究展望 [J]. 电力系统自动化，2023，47 (16)：181-191.

[31] 张国驹，裴玮，杨鹏，等. 中压配电网柔性互联设备的电路拓扑与控制技术综述 [J]. 电力系统自动化，2023，47 (06)：18-29.

[32] 季一润，袁志昌，赵剑锋，等. 一种适用于柔性直流配电网的电压控制策略 [J]. 中国电机工程学报，2016，36 (2)：335-341.

[33] 李智诚，邓立，喻乐，等. 基于柔性开关的配电网主动潮流调控研究 [J]. 电气应用，2015，34 (4)：20-24.

[34] 王成山，宋关羽，李鹏，等. 基于智能软开关的智能配电网柔性互联技术及展望 [J]. 电力系统自动化，2016，40 (22)：168-175.

[35] 王洪达，杨曼，周煜韬，等. 大功率柔性互联设备的有功互济协调控制方法 [J]. 国防科技大学学报，2023，45 (02)：37-44.

[36] 葛少云，侯亭玉，吴鸣，等．柔性互联配电网分布式电源承载能力分布鲁棒优化模型［J］．电力系统自动化，2023，47（13）：140-148.

[37] 刘人志，陈卓，唐文博，等．弱电网下计及锁相环影响的LCL型并网逆变器控制策略［J］．电力系统保护与控制，2022，50（5）：178-187.

[38] KOIWA K，INOO K，ZANMA T，et al. Virtual voltage control of VSG for overcurrent suppression under symmetrical and asymmetrical voltage dips［J］. IEEE Transactions on Industrial Electronics，2022，69（11）：11177-11186.

[39] 蔡云旖，屈子森，杨欢，等．柔性多状态开关改进型下垂控制策略［J］．电网技术，2019，43（7）：2488-2497.

[40] 周剑桥，张建文，席东民，等．基于SOP有功-无功协同的低压配电网末端电压越限治理［J］．电力系统自动化，2023，47（06）：110-122.

[41] 蔡欢，袁旭峰，熊炜，等．柔性互联配电网运行调度研究综述［J］．智慧电力，2022，50（06）：92-99＋106.

[42] 何志轩．柔性互联交直流配电网的优化运行与故障恢复研究［D］．北京：华北电力大学（北京），2022.

[43] 张真．柔性互联配电网的能效评估及运行优化策略［D］．广州：华南理工大学，2022.

[44] 薛俞．含柔性多状态开关的互联配电网连锁故障风险评估［D］．北京：华北电力大学（北京），2021.

[45] 徐旖旎，刘海涛，熊雄，等．低压配电台区柔性互联关键技术与发展模式［J］．中国电机工程学报，2022，42（11）：3986-4001.

[46] 宋国兵，陶然，李斌，等．含大规模电力电子装备的电力系统故障分析与保护综述［J］．电力系统自动化，2017，41（12）：2-12.

[47] 朱鹏程，李勋，康勇，等．统一电能质量控制器控制策略研究［J］．中国电机工程学报，2004，（08）：70-76.

[48] 唐爱红，卢俊，宣俭，等．分布式潮流控制器对系统功率控制的研究［J］．电力系统保护与控制，2012，40（16）：15-20＋26.

[49] 李群，张宁宇，王新宝，等. 电力潮流灵活控制技术应用综述 [J]. 电力工程技术，2023，42 (01)：50-60.

[50] 季振东，孙毅超，金成，等. 三角形级联固态变压器的多直流电压平衡控制 [J]. 电力自动化设备，2018，38 (9)：54-61.

[51] 季振东. 级联型电力电子变压器关键技术研究 [D]. 南京：东南大学，2015.

[52] 季振东，王建华. MMC 型电力电子变压器研究报告 [R]. 南京：东南大学，2015.

[53] 杨斌. 多功能混合型电力电子变压器关键技术研究 [D]. 南京：东南大学，2019.

[54] 杨斌，赵剑锋，季振东，等. 混合变压器技术研究综述 [J]. 电力自动化设备，2020，40 (2)：205-213，1-3.

[55] 闫涵，王建华. 面向“新基建”需求的高可靠智能配电变压器关键技术研究及示范应用 [R]. 南京：东南大学，2022.

[56] 张博. 三相背靠背变流器的研究 [D]. 西安：陕西科技大学，2017.

[57] 张飞宇. 背靠背并联三电平变流器系统控制策略研究 [D]. 哈尔滨：哈尔滨工业大学，2021.

[58] 李旭枫，陆立民，成乐祥，等. 基于自适应虚拟阻抗改进无功环路的虚拟同步功率解耦控制策略 [J]. 电网技术，2019，43 (10)：3752-3760.